生活的难题

THE KRISHNAMURTI

READER

〔印〕克里希那穆提 ——— 著　桑靖宇 程悦 ——— 译

九州出版社 JIUZHOUPRESS | 全国百佳图书出版单位

图书在版编目（CIP）数据

生活的难题 ／（印）克里希那穆提著 ；桑靖宇，程悦译. -- 北京 ：九州出版社，2022.12
ISBN 978-7-5108-8834-2

Ⅰ. ①生… Ⅱ. ①克… ②桑… ③程… Ⅲ. ①人生哲学－通俗读物 Ⅳ. ①B821-49

中国版本图书馆CIP数据核字（2020）第251412号

著作权合同登记号：图字01-2022-2224号

Copyright©1954, 1963, 1964 Krishnamurti Foundation of America
(selection made from *The First and Last Freedom,
Life Ahead, and Think on These Things*)
Krishnamurti Foundation of America P.O.Box 1560,
Ojai, California 93024 USA
E-mail: kfa@kfa.org. Website: www.kfa.org
想要进一步了解克里希那穆提，请访问www.jkrishnamurti.org

生活的难题

作　　者	[印度] 克里希那穆提 著　桑靖宇　程悦 译	
责任编辑	李文君	
出版发行	九州出版社	
地　　址	北京市西城区阜外大街甲 35 号（100037）	
发行电话	(010) 68992190/3/5/6	
网　　址	www.jiuzhoupress.com	
印　　刷	三河市国新印刷有限公司	
开　　本	880 毫米 ×1230 毫米　32 开	
印　　张	9.375	
字　　数	317 千字	
版　　次	2022 年 12 月第 1 版	
印　　次	2022 年 12 月第 1 次印刷	
书　　号	ISBN 978-7-5108-8834-2	
定　　价	58.00 元	

出版前言

　　克里希那穆提 1895 年生于印度，13 岁时被"通神学会"带到英国训导培养。"通神学会"由西方人士发起，以印度教和佛教经典为基础，逐步发展为一个宣扬神灵救世的世界性组织，它相信"世界导师"将再度降临，并认为克里希那穆提就是这个"世界导师"。而克里希那穆提在自己 30 岁时，内心得以觉悟，否定了"通神学会"的种种谬误。1929 年，为了排除"救世主"的形象，他毅然解散专门为他设立的组织——世界明星社，宣布任何一种约束心灵解放的形式化的宗教、哲学和主张都无法带领人进入真理的国度。

　　克里希那穆提一生在世界各地传播他的智慧，他的思想魅力吸引了世界各地的人们，但是他坚持宣称自己不是宗教权威，拒绝别人给他加上"上师"的称号。他教导人们进行自我觉察，了解自我的局限以及宗教、民族主义狭隘性的制约。他指出打破意识束缚，进入"开放"极为重要，因为"大脑里广大的空间有着无可想象的能量"，而这个广大的空间，正是人的生命创造力的源泉所在。他提出："我只教一件事，那就是观察你自己，深入探索你自己，然后加以超越。你不是去听从我的教诲，你只是在了解自己罢了。"他的思想，为世人指明了东西方一切伟大智慧的精髓——认识自我。

　　克里希那穆提一生到处演讲，直到 1986 年过世，享年 90 岁。他的言论、日记等被集结成 60 余册著作。这一套丛书就是从他浩瀚的言论中选取并集结出来的，每一本都讨论了和我们日常生活息息相关的话题。此次出版，对书中的个别错误进行了修订。

《生活的难题》原英文版名为 The Krishnamurti Reader，由英国作家玛丽·鲁坦斯（Mary Lutyens）编辑。玛丽·鲁坦斯是克里希那穆提的挚友，著有克里希那穆提的权威传记作品。本书中文版书名系中文版编者所拟。

克里希那穆提系列作品得到了台湾著名作家胡因梦女士的倾情推荐，在此谨表谢忱。

九州出版社

目　录

第一部分　生活的难题

第一部分
生活的难题

你和我才是问题，而不是这个世界，因为世界只是我们自身的投射物，想要了解世界，我们就必须先要了解我们自己。世界不是脱离我们而存在的，我们就是世界，我们的问题便是世界的问题。

1. 我们在寻觅什么

我们大多数人所寻觅的是什么呢？我们每一个人所渴望的是什么呢？诚然，找出这一问题的答案是十分重要的。或许大多数人所寻觅的是某种幸福、某种宁静。在一个充斥着骚乱、战争、争辩和冲突的世界里，我们渴望有一个能够提供庇护与安宁的避难所。我认为这便是大多数人所寻求的。因此我们不断地追逐和跟随，从一个领袖到另一个领袖，从一个宗教组织到另一个宗教组织，从一个导师到另一个导师。

我们所寻觅的，究竟是幸福，还是某种我们希望从中能获得幸福的满足感呢？幸福和满足是不同的。你能够寻觅到幸福吗？你或许可以得到满足，但显然无法找寻到幸福。幸福是一种衍生物，是某种其他事物的副产品。因此，在将心智投注到某个要求我们给予大量的热诚、专注、思考和细心的事物之前，我们必须要知道自己所寻觅的究竟是什么，是幸福，还是满足？恐怕大多数人所寻觅的是后者。我们希望被满足，希望在寻觅的最后获得某种丰足感。

因为，倘若一个人所寻觅的是宁静，那么他是可以轻而易举地获得它的。人们可以盲目地献身于某种事业或某个理念，并从中得到庇护。但显然这并不能解决问题。仅仅孤立于一个封闭的理念里，是无法从冲突中解脱出来的。所以我们必须要知道自己所渴望的究竟是什么。假如弄明白了这个问题，那么我们便没有必要再去求助于某个地方、某位导师、某座教堂或某个组织了。然而我们的困难在于要对自身的意图十分的清楚明了。我们能够做到这一点吗？这种清楚、明晰，来自体察，来自试图明白他人所说的话，来自街角的某所教堂里牧师对普通信众的布道吗？你是否曾经把对这一问题的叩问诉诸某个人呢？但我们正是这样去做的，难道不是吗？我们阅读无数的书籍，我们参加许多的会议和讨论，我们加入各种各样的组织——目的便是试图找到能够解决我们生活里种种冲突的妙计和消除苦难的良方。又或者，是否我们并不去做这些事情，自以为已经找到了解决之法。也就是说，我们声称某个组织、某位导师、某本书籍使我们获得了满足；我们已经寻找到了所希冀的一切。我们处于这种确定性和封闭性之中。

经由这所有的混乱，我们能否寻觅到某种持久而永恒的事物，某种被我们称为正确的事物呢？——你将其唤为神或真理——怎样都好，其实名称无甚重要，因为很显然语词并不等于它所指代的事物，所以不要让我们为语词所束缚。将这个问题留给专业的演讲者去解决吧。是否存在着对永恒之物的寻觅呢？大多数人所寻觅的是某种我们能够对其依附的事物，某种将给予我们保证、希望、持续的热诚和确定的事物，因为我们对自身并无确定感。我们并不认识自己，我们熟知事实和书本上所说的一切，但对自己却一无所知，我们没有一种直接的体验。

被我们称为永恒的事物是什么呢？我们所寻觅的、将给予我们永恒或者我们希望它会给予我们永恒的事物是什么呢？我们不是在寻觅着持久的幸福、满足感和确定性吗？我们渴望某种永恒的事物、某种能使我们得到满足的事物。倘若我们使自身从所有的语词中脱离开来，然后静静地察看，我们便能得到所希冀的事物了。我们期盼着永久的愉悦、永久的满足——我们将其称为真理、神或其他你愿意赋予的名称。

我们对愉悦的渴盼甚为强烈。或许这么说可能有点儿鲁莽，但这确实便是我们所渴望的——能够给我们带来愉悦的知识，令我们感到快乐的经历，一种不会因时光的流逝而逐渐消退的满足感。我们体验过各种各样的满足感，而它们最后都难逃褪色的命运。如今，我们希望在真理、在神那里寻找到永恒的满足。显然，这便是我们每一个人所寻觅的——无论是智者还是愚人，是理论家还是为了某种事情而努力着的普通人。永恒的满足感是否存在？永生不灭的事物是否存在？

假如你所寻觅的是永恒的满足感，那么显然你就必须要对自己正在寻觅的事物有所了解。当你说"我在寻觅永恒的幸福"——神、真理或其他任何你愿意称其为永恒幸福的事物——难道你不应该去了解这个正在寻觅着的主体，即探询者、寻觅者本身吗？因为可能并不存在着诸如永恒的安全、永久的幸福这类事物。真理或许是某种截然不同的事物，而我认为它与那些你能够看得见、能够构想出来的事物是完全不同的。所以，在我们寻觅某种永恒之物以前，难道没有必要去了解一下寻觅者本身吗？当你说"我正在寻觅着幸福"时，寻觅者与其所探寻之物可以分开来吗？思想者和思想可以分开来吗？难道这二者并非是一种统一的现象，而是分离开来的过程吗？因此，在你试图弄清楚探寻者所寻觅的究竟是什么之前，应当对探寻者本身有所了解，这是极为重要的。

所以，当我们真切而深刻地询问自己，是否安宁、幸福，真理、神或任何你所希冀的事物能够由他人给予我们时，我们便逐步地接近要义了。这种不断的探求和渴望，可以提供给我们超凡的真实感以及当我们真正了解自身时所出现的那种创造力吗？通过探寻，通过追随他人，通过从属于某个特殊的组织，通过阅读书籍等，可以实现对自我的认知吗？

毕竟，这才是主要的议题，不是吗？假如我缺乏对自我的认知，那么我的思想便没有根基，我所有的探寻也只是徒劳罢了。我可以逃避到幻想之中，我可以从争论、斗争、冲突中逃离；我可以对他人顶礼膜拜；我可以通过他人寻找自我的救赎。但是，只要我对自身一无所知，只要我对我自己的所有行动毫无意识，那么我的思想、情感和行为便是无源之水，无根之木。

然而，认识自我往往并不在我们的渴求之列，但那却是我们能够建立的唯一根基。在我们能够使自己的思想和情感拥有根基之前，在我们能够对旧有的、陈腐的事情展开声讨或者将其破坏之前，我们必须要知道我们自身的本来面目，必须要实现对自我的认知。我们是否褊狭、善妒、空虚、贪婪——那便是我们人类的特性，那便是我们所生存的社会的特性。

我认为，在我们踏上发现真理、发现神的旅程之前，在我们能够展开行动之前，在我们可以与他人建立关系即参与社会之前，必须要首先去认识我们自己，这是尤为重要的。我觉得，所谓诚挚之人，便是关注于认识自我的人，而不是热衷于如何去达到某个特定的目标。因为，假如你我缺乏对自身的认知，那么我们如何能够通过行动来变革社会、各种关系以及我们所做的一切呢？显然，这并不意味着说，认识自我同与他人建立关系是相对立，或者相分离的。显然这也并不意味着说，对个体、对自我的强调，与对大众、对他人的强调是相对立的。

倘若你不了解自身，不了解你自己的思考方式以及为何你会对某些特定的事物进行思考，不了解你的社会背景以及为何你会对艺术与宗教抱持着某种特定的信仰，为何你会对你的国家、你的邻里以及你自己持有某种观念，那么你如何能够去对事物展开真正地思索呢？假如你不了解自己的背景，不了解你所思考的对象及其根源——那么你的探寻便是徒劳的，你的行动便是无意义的。

在我们能够探明生活的最终目的是什么之前，在我们能够探明战争、国家间的对抗、冲突和种种的混乱究竟意味着什么之前，我们必须要从对自身的认识和探寻开始，难道不是吗？这话听上去如此简单易行，实际上做起来却是相当困难。假如一个人想要追寻自身，想要体察自己的思想是如何活动的，那么他就必须要非常审慎，所以，当一个人开始对他自己的思想、反应和感觉的错综复杂性抱持着越来越审慎的态度时，他便开始对自身以及与之有关系的他人拥有了某种更为深刻的认识。认识自我，便是要在行动即关系中去研究自我。然而困难在于，我们是如此的缺乏耐性。我们渴望有所得，渴望达到某个目的，因此我们既没有时间也没有条件去给自己研究、观察的机会。相反，我们忙于各种各样的活动——谋生、养育子女——或者在各类机构和组织里供职。我们满怀豪情地投身于各种事情之中，以至于几乎没有时间去进行自我反思，去观察、去研究我们自己。因此，反思的真正责任，依赖于我们自身，而非他人。全世界对宗教导师们及其思想体系展开着狂热的追寻，阅读他们对这一问题或那一问题所发表的最新著作，诸如此类，在我看来，都是毫无意义的，都将是徒劳无功，因为，即便你可以周游整个世界，但最后你却不得不返回你自身。由于我们大多数人都缺乏对自身的认知，因此要去清楚地审视我们的思想、情感和行动的过程，便是极为困难的。

你对自我认识得越多，你的认识就会越清晰。认识自我是一个永无止境的过程——你不会取得某个成就，你也不会得出某个结论。它是一条永不停息的河流。只要一个人去探索自我，只要他对自我的认知越来越深入，他便会找到宁静。只有当心灵处于宁静的状态——通过认识自我，而非通过强制性的自我约束——只有这时，在这种宁和与寂静中，真理才会显现。只有在这时，你才能进入极乐之境，才能展开富有创造力的行动。在我看来，没有这种对自我的了解，没有这种体验，只是去阅读书籍、参与谈话、展开宣传活动，都将是幼稚之举——这些都只是无甚意义的活动而已。然而，倘若人们能够去了解自我，并因而产生出富有创造力的幸福感，那么或许我们的人际关系以及我们所生存的这个世界便能够发生某种变革了。

2. 个体与社会

我们大多数人所面临的问题在于，个体究竟是被社会使用的工具，还是社会为之服务的目的？你、我，究竟是被社会使用、引导、教化、控制、塑造为某种样式，还是社会、国家是为个体而存在的？个体究竟是社会的目的，抑或仅仅是作为战争的工具而被驯化、被利用、被宰杀的一个玩偶呢？这便是摆在我们大多数人面前的一道难题，这便是世界的难题，个体究竟只是社会的一个工具、由模具铸造出的一个玩物呢，抑或社会是为了给个体提供服务而存在的呢？

你打算怎样去找出该问题的答案呢？这一问题至关重要，不是吗？假如个体只是社会的一个工具，那么社会就比个体重要得多。如果这是真的，那么我们就必须要放弃个性，为社会去效劳；我们的整个教育体系就必须彻底地变革，个体就会变成一个为社会所使用并最终被毁掉的工具。但假如社会是为个体而存在的话，那么社会的职责就不该是要让个体去顺从于某种模式，而是要给予他自由以及自由的动力。因此我们必须要知道究竟何为谬误。

你会如何对这一问题展开探询呢？它并不依赖于任何一种意识形态，无论是"左"倾的还是右倾的；如果它依靠于某种意识形态，那么它就只是一种观点了。观念总是会导致敌意、混乱和冲突。假如你依靠"左"倾的、右倾的或宗教性的书籍，你就会仅仅依赖于观点，或许是佛教的、或许是基督教的，也可能是资本主义的或共产主义的。它们只是观念，而非真理。事实是永远无法被否认的，但关于事实的观点却可以被驳斥。如果我们能够探明关于物质的真理，我们就可以不依附于任何观点去展开行动了。因此，我们不应当去在意他人所说的话，难道不是吗？左翼或其他领袖的观点是其具体条件下的产物，所以假如你为了有所发现而依赖于书本上所说的，那么你就会为观点所局限了。这不是认知的正确途径。

要怎样才能探明关于该问题的真理呢？这是我们行动的根基。想要探明此问题的真理，就必须得跳脱出所有的宣传，这意味着你有不依附于任何观点、独立地审视该问题的能力。教育的全部职责，在于唤醒人们的个性意识。要探明关于此问题的真理，你就不得不保持清楚的头脑，这意味着你不可以依赖于某位领袖。当你出于混乱而选择了某位领袖时，你的领袖们也同样是头脑混乱的，而这种情形在世界上可谓屡见不鲜。因此你不能够求助于某位领袖来获得指引和帮助。

一个希望去了解问题的心灵，不仅必须要完整、全面地认识问题，而且还得能够迅捷地跟随它，因为问题不会静止不动。问题是常新的，无论它是一个关于饥饿的问题，还是一个心理的问题或任何其他的问题。任何危机也总是常新的，所以，要了解问题，心灵必须要保持一种新鲜、明晰和迅捷的状态。我认为大多数人都意识到了内在变革的紧迫性，因为内在的革新能够带来外部世界以及社会的根本改变。我本人以及每一位有志之士所关注的，也正是这一问题——如何带来社会的根本性变革，而倘若没有内在的转变，那么外部的变化是不可能发生的。因为社会总是静态的，而没有内在变革便无法实现的任何行动、任何改革也同样是静态的，所以，倘若没有持续不断的内在革新，外部的变革便是毫无希望的，因为，没有内在的转变，外部的行动就会流于重复性和习惯性。假如不发生这种持续性的内在变革，这种富有创造力的心理上的转变，那么你与他人之间、你与我之间发生关系的行为，也就是社会，就将成为一潭死水。正是由于没有这种持续的内在变革，社会才会总是陷入一成不变的程式化之中，最后则因为这种僵化和停滞而土崩瓦解。

你自己同周遭所发生的苦难和混乱究竟是一种怎样的关系呢？显然，这种苦难和混乱并不是自行产生的，而是由你我所导致的，是你我在相互的关系中制造出了苦难和混乱。你的内在会投射到外部世界中去。你是怎样的，你的所思、所感，你的日常行为，都会投射到外部世界，而这一切便构筑成了我们所生活的这个世界。假如我们的内心感到痛苦悲哀、混乱无序，那么经由投射，这便成了外部世界，成了社会，因为你我之间的关系，你与他人之间的关系便是社会——如果我们的关系是混乱的、利己主义的、狭隘的、局限的、本土主义的，那么我们就会将这些特质投射到外部世界中去，于是一个混乱无序的世界也就由此而生了。

你是怎样的，这个世界便会是怎样的。因此你存在怎样的问题，这个世界便会出现怎样的问题。显然，这是一个简单而基本的事实，难道不是吗？在我们与他人的关系中，我们似乎始终忽略了这一点。我们想通过某种制度或者基于该制度之上的价值观念的革新带来改变，却忘记了这个社会正是由你我所创造的，正是我们自己的生存方式决定了我们给世界带来的，究竟是混乱，还是有序。所以我们必须开始关注自己的日常体验，关注我们每日的所思所想、所作所为，而这些都反映在了我们的谋生方式以及我们与观念或信仰的关系上。我们关心生计、谋职、赚钱；我们关心与家人和邻里的关系；我们关心各种观念和信仰。如果你审视一下我们整天所关心和忙碌的对象，你会发觉这一切都是以嫉妒为出发点的，而并不只是一种谋生之道。社会的构造便是如此，所以它便充斥着持续不断的冲突和纷争。我们的社会建立在了贪婪和妒忌之上，你妒忌那些比自己优秀的人。一名职员想坐上经理的位子，这表明他并非仅仅关心着谋生的问题，而且还渴望获得地位和名望，而这种态度自然会给社会、给人际关系带来浩劫。但假如你我只关注谋生问题的话，我们便应当去找到一种正确的谋生方法，一种不是建立在对他人的妒忌之上的方法。妒忌是人际关系中最具有破坏性的因素之一，原因是妒忌代表了对权力和地位的欲望，而它最终则会走向政治，因为二者的关系是如此的紧密。当一名职员想当上经理时，他便成了引发权力政治产生的一个因素，而权力政治又会导致战争的出现，所以他也要为战争负上直接的责任。

我们的关系是以什么为基础的呢？你我之间的关系，你与他人之间的关系即社会，是以什么为基础的呢？显然不是以爱为基础的，尽管我们会谈论到爱。人际关系并不是以爱为基础的，因为，如果存在着爱，那么你我之间就将是有序、宁和与愉快的。然而在你我的关系中却充满了披着"尊敬"这一虚伪外衣的各种歹念。如果我们在思想情感上是同等的，就不会存在着谁尊敬谁，也不会有歹念，因为我们是两个面对面的平等的个体，我们之间的关系，不是像要求遵守纪律的老师与学生之间，或者处于支配地位的丈夫与妻子之间那样的不对等的关系。当歹念存在时，便会有统治的欲望存在，而这种欲望会产生出嫉妒、愤怒和激情，所有这些负面的情绪都会给我们的人际关系带来持续不断的冲突，而这会产生更大的混乱，更多的苦难。

至于作为我们日常体验之组成部分的观念、信仰和准则，难道它们没有扭曲我们的心灵吗？什么是愚蠢？愚蠢便是将错误的价值观赋予了那些由大脑或双手所制造出来的事物。我们的大多数思想都源于自我保护的本能，不是吗？我们的许多观念都被赋予了错误的意义，不是吗？所以，当我们相信任何一种宗教的、经济的或社会的形式，当我们相信神，相信某些理念，相信某种将人与人分隔开来的社会制度，相信国家主义或民族主义，我们显然便是在将某种错误的含义赋予了信仰，这便是愚蠢，因为信仰会造成人与人之间的分裂。所以，通过我们的生存方式，我们将发觉，我们能够制造出秩序或混乱、宁静或冲突、幸福或苦难。

因此，社会的变革，必须要以个体内在的、心理的转变为前提。我们大多数人都渴望看到社会结构的根本变革。这便是世界上正在上演的全部战斗——通过发起共产主义运动或任何其他的运动来实现社会的变革。即使存在着社会的变革——即有关人类外部结构的一种行动——但若没有个体的内在革新、个体的心理转变，那么即便这一社会变革可能是根本性的，其实质却没有发生变化。因此，想要产生一个不会重复、不会静止不变、不会土崩瓦解的社会，一个持续更新的社会，关键在于个体的心理结构必须要发生变革，因为，没有内在的心理的转变，单纯的外部改变便是毫无意义的。社会总是程式化的、一成不变的，并因为这种僵化和停滞而土崩瓦解。虽然可以不断颁布新的立法，其中不乏明智的举措，但社会却行走在一条衰败的路途上，因为变革必须首先是内在的，而非只是外部的。

我认为，了解这一点，不忽视这一点是极为重要的。当外在行为完成时，它便结束了、静止了。如果个体间的关系即社会不是内在变革的产物，那么社会结构就将是僵化的、停滞的，它同化着生活于其间的个体，使其也同样走向僵化和重复。意识到了这一点，意识到了这一事实的重大意义，就不会存在一致或分歧的问题了。该事实便是，社会总是程式化的，同化着个体，那种持续的、富有创造力的变革只能存在于个体的身上，而非社会或外部。也就是说，具有创造力的变革只能出现在个体关系即社会中。我们看到印度、欧洲、美国以及世界各地当前的社会结构正在迅速瓦解，我们在自己的生活里也能意识到这一点，走在街上时也可以观察到这一现象。不需要伟大的历史学家们去告诉我们说，我们的社会正在瓦解，必须要有新的设计者、新的建造者去创造一个崭新的社会。这一社会的结构，必须要建立在一个全新的基础之上，建立在新被发现的事实和价值观的基础之上。这样的建造者目前还并不存在。这是我们的问题。我们看到社会正在瓦解，正在分崩离析。我们、你和我，必须要成为缔造者。你我必须要重新审视价值观，并把我们的社会建立在一个更为根本和持久的基础之上。倘若我们求助于政治和宗教的缔造者，那么我们就将会原地踏步。

由于你我不富于创造性，我们才会使得社会处于混乱之中，所以你我必须要具有创造力，原因是这一问题已经十分的紧迫了。你我必须要意识到社会瓦解的原因，创造一个新的社会结构，这一结构不是建立在模仿之上，而是建立在我们具有创造力的认知之上。这便意味着否定性的思考，不是吗？否定性思考是理解的最高形式。也就是说，为了理解创造性的思考，我们必须要以否定的姿态来接近问题，而正面、肯定地接近问题——为了建立一种崭新的社会结构，你我必须要富有创造力——只会是模仿性的。要认识正在瓦解的事物，我们就得以否定的姿态对其展开审视和探究——而非以某种肯定的方法、模式和结论。

为什么社会在土崩瓦解呢？一个根本的原因，在于个体即你自己，停止了创造力。下面我将对这一说法予以具体的解释。你我已经习惯于模仿和复制，无论是在外部世界还是在内心世界。从外在来说，当学习一门技术时，当相互间进行口头交流时，必定存在着某种模仿和复制。我复制语词。要想成为一名工程师，我必须首先要学习相关的技术，尔后运用该技术去修建一座桥梁，因此在外部技术上必定会有某些模仿和复制。然而当内在心理存在着模仿时，显然我们便停止了创造性。我们的教育，我们的社会结构，我们所谓的宗教生活，全都建立在模仿之上，也就是说，我使自己融入了某个特定的社会或宗教形式里。从心理学的角度来说，我已经不再是一个真实的个体了。我成了一部单纯的重复性的机器，我的反应都已是被限定的，被规范化的。我们的反应是根据社会模式而被设定的，无论这种模式是西方的还是东方的，是有神论的还是唯物主义的。所以社会瓦解的一个根本原因，在于模仿，另一个因素则是领袖，因为领袖的实质也是模仿。

为了认识社会瓦解的实质，探明你我即个体能否具有创造性难道不是十分重要的吗？我们可以看到，当模仿存在时，就必定会有瓦解；当权威存在时，就必定会有复制。由于我们全部的心智和构造都是以权威为基础的，所以我们必须要挣脱权威的束缚获得自由，要使自己成为具有创造力的个体。你难道不曾注意到，在创造的时刻不会有重复感和复制感吗？创造的时刻总是崭新的、新鲜的、富有生机、令人欣喜的。因此我们发觉，社会瓦解的一个根本原因便是复制，便是对权威的崇拜。

3. 认识自我

　　世界充满了各种问题，它们是如此巨大、如此复杂，以至于，假如一个人想要认识并解决这些问题的话，那么他就必须要以一种非常简单和直接的方式来着手——简单、直接，不依靠于外部环境，也不依靠于我们特有的偏见和情绪。问题的解答，并非是通过召开会议、拟定蓝图或者通过新的领袖取代旧的便能获得的。所谓解铃还须系铃人，解决的办法显然就在问题的制造者身上，在灾难的制造者身上，在那存在于人与人之间的无尽仇恨和误解的制造者身上。这些危害的制造者，世界上各种问题的制造者，便是每一个个体，是你，是我，而非我们所认为的世界本身。世界便是你与他人的关系，世界并非脱离你我而存在。所谓世界、社会，便是我们彼此间所建立起来的关系。

　　所以你和我才是问题，而不是这个世界，因为世界只是我们自身的投射物，想要了解世界，我们就必须先要了解我们自己。世界不是脱离我们而存在的，我们就是世界，我们的问题便是世界的问题。这一点再怎么强调都不为过，因为我们的心智是如此的迟钝，以至于误以为世界上所出现的各类问题都不关己事，以为把它们交由联合国去解决就好，或者通过领袖的换届便可以搞定。其实，我们自己才应该为世界上所发生的可怕的危害和混乱负责。想要改变世界，我们就得从改变自我做起，而要想改变自我，就得首先认识自我，而不要去寄望于他人的转变或者外部的变革。重要的是必须认识到这是你、我，是我们自己的责任，因为，尽管我们只是世界上渺小的个体，但假如我们能够改变自我，实现日常体验中观念的根本转变，那么或许我们将会对世界产生很大的影响，并由此带来人际关系的重大变革。

因此我们正试图去探明认识自我的过程，该过程并不是孤立的。它不是与世界相脱离的，因为你无法孤立地生存。想要生存，你就必须要与外界发生联系，世界上没有任何孤立存在的事物。正是由于缺乏正确的关系才会导致冲突、灾难和纷争的出现。虽然我们只是一个个看似渺小的个体，但假如我们能够实现自我以及与他人关系的变革，那么它就会像一个波浪，不断地朝更大的外部世界推衍开去。我认为认识到这一点是尤为重要的，认识到尽管我们的人际圈极为有限，但倘若我们可以实现自身各类关系的根本的而非表面的变革，那么我们就能够开始去实现整个世界的转变了。真正的变革不是依据某个特定的、或"左"倾或右倾的模式来进行的，而是一种价值观念的变革，是从感官价值转变为非感官的价值、不受环境所左右的价值。要想找到这些能够带来根本性变革的真正的价值，关键在于要认识自我。认识自我是智慧的开始，因而也是革新或重建的开始。认识自我，必须要有认识的意图——而我们的困难也正在于此。虽然我们大多数人都是牢骚满腹的，渴望带来某种突然的改变，但我们只是试图通过取得某个结果来疏导自己的这种不满。因为不满，我们或者去寻找另一份工作，或者屈从于外部环境。不满，非但没有令我们激情燃烧，反而使我们对生命、对存在的整个过程产生怀疑。当不满被疏导时，我们就成了庸庸碌碌的凡夫俗子，失去了干劲，失去了探寻生存意义的欲望。对自我的认知无法由他人提供给我们，也无法通过阅读书本来实现。我们必须要去发现、去探询、去寻觅，去怀有认识自我的坚定意念。假如这种去发现、去深刻探询的意念极为脆弱或者压根就没有的话，那么简单地声称自己想去发现或怀有去发现的愿望便是毫无意义的。

因此，世界的改变是由自我的改变带来的，因为自我是人类存在的全部过程的一个组成部分和产物。想要改变自我，就得先认识自我。没有认识到你是谁，正确的思想便没有根基。没有认识到自我，就不可能有所改变。一个人必须要认识到真正的自己，而不是他所希望成为的那个自己，因为后者只是一种理想化的形象，因而也便是虚假的、不真实的。只有那个真正的你自己才能够被转变，而不是那个你所希望的自己。要想认识到真实的自我，需要心智保持高度的机敏，因为这个自我在不断发生着变化，想要迅捷地跟随自我变化的脚步，心灵就不能为某种特定的教条、信仰或行为范式所束缚。假如你想追随某个事物，为他物所束缚可不行。认识你自己，就必须保持心灵的机敏和觉知，要摆脱所有信仰和观念的束缚，因为信仰和观念只能给你某种粉饰和歪曲，妨碍了真正的感知。如果你想知道你是什么，你就不能凭着想象或者相信某种你并不是的东西。假如我贪婪、善妒、残暴，那么单纯地去怀有一个不残暴、不贪婪的理想化的自我形象是毫无价值的。然而要认识到一个人是贪婪或残暴的，要认识和了解这一点，需要一种超凡的感知力，不是吗？这要求思想的诚实和澄明，而不是以逃避的姿态去追逐一种虚假的理想化的形象，因为这样做会妨碍你去发现真实的自我，如此一来你也就无法依据这个真实的自我去展开行动了。

认识你自己，无论这个自己是何种模样——丑陋还是美丽、邪恶还是顽皮——认识你自己，不要有任何的歪曲，这是美德的开始。美德尤为重要，因为它能给予你自由。只有在美德而非美德的培养中，你才能发现、才能生存——美德的培养只是带来尊敬。有德行与变得有德行是有区别的。有德行来自对自我的认知，而变得有德行则是用你希望成为的样子去掩盖你真实的模样。因此，在变得有德行的过程中，你根本没有按照真正的自己去行动。而这种通过理想化的培养来躲避自我的过程，被认为是有德行的。但假如你近距离地、直接地观察的话，你会发觉并非如此。美德不是成为那个虚假的自己，美德是认识真实的自己，从而获得自由。在一个正迅速瓦解着的社会里，美德是尤为重要的。为了创造出一个崭新的世界，一个不同于旧有的社会结构的世界，必须要有发现的自由，而要实现这种自由，就必须要有德行，因为，没有美德就不会有自由。一个正努力变得有德行的不道德的人，可曾会认识到美德吗？一个不道德的人永远都无法获得自由，所以他也永远无法发现真理。真理只有通过认识自我才能够被发现，而要认识自我，就必须实现自由——从对自我真实面目的恐惧中解放出来的自由。

要认识这一过程，就必须要有认识自我的意图，要去追随每一个念头、感受和行为。想要认识自我可谓难上加难，因为自我永远都不是静止不动的，它总是处于运动变化之中。自我，就是你本来的样子，你的实质，而不是你希望自己成为的样子。它不是理想化的范式，因为这种理想化的形象是虚假的，而是指你每时每刻的所作所为、所思所感的实在。自我便是这种实在，要认识实在，需要一个非常机敏、迅捷的心智。但如果我们开始谴责那个真实的自己，如果我们开始责备或抵制它，那么我们就不能去认识它的每时每刻了。假如我想要了解某个人，我就不能够去责难他，而应该去观察和研究他。我必须热爱那个我正在研究着的事物。倘若你想了解一个孩子，你就得爱他而不是谴责他。你得跟他一同玩耍，观察他的每时每刻、他的特性、他的行为方式。但倘若你只是去谴责、抵制或责备他的话，你就无法实现对这个孩子的真正了解。同样的，一个人想要认识自我，就必须得观察自己每时每刻的思想、情感和行为。这便是实在。任何其他的行为，任何理想化的或意识形态化的行为，都不是实在，而只是一种虚假的渴望——渴望成为那个理想化的自己，而不是真实的你自己罢了。

认识自我，需要心灵处于一种没有评判、没有谴责的状态，这意味着心灵是机敏的，尽管是一种被动的机敏。当我们真正渴望去认识某事物时，便会处于这种状态。在你兴致盎然时，心灵就会进入这一状态。当一个人萌发了认识自我的兴趣，他就不需要去强迫、约束或控制它。相反，心灵会处于一种被动的机敏和警觉的状态中。当你怀有兴趣、想去认识自我时，这种有意识的状态就会出现。

对自我的根本认知，不是来自知识，或者通过经验的累积，因为经验的累积只是形成记忆而已。认识自我应是每时每刻的，假如我们只是去积累关于自我的认知，那么这种认知会阻碍我们对自我的进一步了解，因为累积的认知和经验会成为思想聚焦的中心。世界与我们以及我们的行为不可分割，因为正是我们自己才造成了世界的诸多问题。大多数人的困难，在于不是直接地去认识自我，而是求助于某种体系、办法或运作方式去解决人类的诸多问题。

认识自我有方法或体系吗？任何一位智者或哲人都可以创造出某种体系或方法。可是很显然，遵循一种体系只会产生出由该体系所创造的结果，不是吗？假如我遵循了某种认识自我的方法，那么我将会拥有该体系所必然带来的某个结果。然而这一结果显然不是对自我的认知。也就是说，通过遵循某种认识自我的办法、方式或体系，我便依据某个范式使自己的思想和行为定型了，但遵循一种范式并不是认识自我。

因此并不存在某种认识自我的方法。寻求一种方法总是意味着渴望去获得某个结果——这便是我们想要的。我们对权威亦步亦趋——假如这种权威不是某个人的话，便是某种思想体系或意识形态——因为我们期盼着一个能够令人满意、能够给予我们安全感的结果。实际上我们并不渴望去认识自我，去认识我们的冲动、反应、思想的全部过程以及表层的意识和深层的无意识。我们宁可追逐某种体系——这一体系源于我们对安全感和确定性的渴望，而由此产生的结果显然并不是对自我的认知。当我们遵循某种方法时，我们就必须拥有权威——教师、上师、救世主——他们将保证我们能够如愿以偿。显然，这并不是认识自我的正确之路。

权威是认识自我路途上的绊脚石，难道不是吗？在某个权威、某个导师的羽翼的庇护之下，你或许可以得到暂时的安全感，一种良好的自我感觉，但这并不是对自我的全部过程的认知。权威的本质会妨碍自我的完整意识，从而最终摧毁自由，而有自由才能够有创造力。只有通过对自我的认知才能够有所创造。我们大多数人并不具有创造力，而只是一部重复性的机器，只是一台留声机，反复播放着自己或他人的经验、结论与记忆。这种重复不具有创造性——但这却是我们所渴望的。因为我们想要拥有内在的安全感，不断地寻求着能够帮助我们获得安全感的各种办法和方式，所以我们创造出了所谓的权威，对他人予以崇拜，而这却破坏了理解力以及相伴而生的心灵的寂静，然而只有当心灵处于寂静时才能够进入一种具有创造力的状态。

　　显然，我们的困难在于，大多数人都已经丧失了这种创造力。富于创造力，并不意味着我们必须要绘画或者写诗，然后变得声名显赫。这并不是创造力——这仅仅说明你有能力去表达某种公众或拍手称好或予以漠视的观念罢了。能力和创造力不应当被混淆，能力并不是创造力。创造力是一种极为不同的状态，不是吗？在这一状态中，自我是缺席的，心灵不再聚焦于我们的经验、野心、追逐和欲望。创造力不是一种持续的状态，它每时每刻都在发生着变化。在创造的时刻，不存在"我"或"我的"。此时，思想不会集中在任何特殊的经验、野心、成就、目的和动机之上。只有当自我不存在时，创造力才会出现——只有在这一状态时，真理才会显现。然而这一状态无法被构思或想象出来，无法被制定或复制出来，无法通过任何的体系、哲学或教义来达到。相反，只有通过认识自我的全部过程方能实现该状态。

　　认识自我并不是一个结果、一个顶点，它是每时每刻在关系之镜中去察看自身——察看自己与财产、事物、他人以及各种观念的关系。但是我们发觉，要让心灵保持一种机敏的、觉知的状态是非常困难的。我们宁愿通过遵循某种方法、通过接受权威、迷信和令人满意的理论来使心智迟钝，所以我们的心智变得疲倦、枯竭和麻木起来，而这样的心灵是无法处于一种具有创造力的状态的。只有当自我，这一进行识别和累积的过程缺席时，富有创造力的状态才会出现。因为"我"这一意识是识别的中心，而识别只是一种经验的累积过程。但是我们都害怕自己一文不名，因为我们都渴望成为重要的人物。卑微之人想成为一个大人物，不道德的人想成为有德行之人，羸弱、卑怯的人渴盼权力、地位和威望。

我们的心灵不断地进行着这样的活动。而这样的心灵是不可能得到安宁的，因而也永远无法了解到富有创造力的状态。

为了让我们周遭这个充斥着苦难、战争、失业、饥饿、阶级分化和混乱的世界有所转变，我们必须首先要实现自我的转变。变革得从自身内部开始——但不是依据任何信仰或意识形态，原因是，基于某种理念或与其相一致的某种特殊模式的变革，显然并非是真正的变革。假如一个人想要使自我发生根本性的转变，他就必须得认识自己在各种关系里的思想及情感的整个过程。这是解决我们所有问题的唯一方法——而不是去拥有更多的教义、信仰、思想体系或导师。倘若我们能够认识到每时每刻的自我，而不是累积的自己，那么我们就将发现安宁是如何产生的。这种安宁并不是心智的产物，也非想象或培养出来的。只有在安宁的状态中，创造力才能存在。

4. 行动和思想

我想讨论一下有关行动的问题。一开始或许会相当难以理解，但我希望通过对该问题的思考，我们能够清楚地探明它，因为我们的全部体验、全部生活都是一种行动的过程。

我们大多数人生存在一系列看似没有关联的行动之中，这些行动最后都走向了瓦解和挫败。这正是我们每一个人所关注的问题，因为我们是以行动为生的，没有行动就没有生活、经验或思想。思想便是行动。仅仅是在某种特定的意识层面下去展开行动，单纯地为外部行动所束缚，而没有认识到行动本身的全部过程，无疑将会使我们走向挫败、走向苦难。

我们的生活便是一系列的行动，或者一种不同意识层面下的行动的过程。所谓意识，指的是去体验、命名和记录。也就是说，意识是挑战和回应，即体验；尔后是措辞或命名；再然后是记录，即记忆。这一过程便是行动，不是吗？意识是行动。没有挑战和回应，没有体验、命名或措辞，没有记录即记忆，便没有所谓的行动。

行动创造出了行动者。也就是说，当行动有了一个可以预见的结果或目标时，行动者便形成了。假如行动没有结果，那么便不会有行动者；但如果有了一个可以预见的结果，行动便产生了行动者。因此，行动者、行动以及结果，是一个整体的过程、一个统一的过程，当行动有了一个可以预见的结果时，三者便合为一体了。以某个结果为目标的行动是意愿，否则便不存在意愿，不是吗？意愿源于对取得某种结果的欲望，意愿便是行动者——我想要有所成就，我想要写一部书，我想要成为一个富有的人，我想要画一幅画。

我们熟悉这三种状态——行动者、行动及结果，这便是我们的日常体验。我只是在解释何为自我，只有当我们清楚地、不带任何对自我的幻想或偏见去解释究竟什么才是自我时，我们才会开始懂得如何实现自我的转变。这三种构成经验的状态——行动者、行动和结果——显然是一种转化的过程，否则就没有转化，不是吗？倘若行动者不存在，倘若没有以某种结果为目的的行动，那么就不会有转化。我们所知道的生活，我们每日的生活，都是一种转化的过程。我很穷困，我开始了一种有目的的行动，那便是要变成富翁；我很丑陋，我想要变成一个貌美之人。所以我的生活是一个变成某某、变得怎样的过程。想要成为什么，也就是想要变得怎样，这种意愿处于意识的不同层面、处于不同的状态，于是便会有挑战、回应、命名和记录。这种"变成"就是斗争，就是痛苦，难道不是这样吗？它是持续不断的斗争：我是这样子的，我想变成那样子的。

因而问题就产生了：难道就没有一种不是"变成怎样"的行动吗？难道就没有不会产生痛苦、不会导致持续争斗的行动吗？

倘若没有结果也就不会有行动者，因为以某种可以预见的结果为目标所展开的行动才创造出了行动者。但是，会不会存在不带有某种可预见结果的行动呢？也就是说，会不会存在不渴望某个结果的行动呢？这样的行动不是一种转化，因此也就不是一种争斗。一种没有经历者及经历的状态，即一种正在经历的状态，是存在的。这听起来相当哲学化，但实际上却非常简单。

当处于正在经历的时刻时，你没有意识到你自己是一个经历以外的经历者，你处于一种正在经历的状态中。举个简单的例子：你很饥饿，在饥肠辘辘之时，既没有经历者也没有经历，只有正在经历。然而当你从正在经历的状态中走出来的那一刻，在你经历了之后的那一瞬间，便有了经历者和经历，便有了行动者以及带着某种可以预见的结果的行动——那便是摆脱或者抑制住饥饿感。我们不断地处于这种正在经历的状态，但我们总是从该状态走出来，对它进行命名并且予以记录，于是就使"变成"成了一种持续的存在了。

假如我们能够懂得"行动"一词的基本含义，那么这种根本的认识便会对我们的浅层活动发生影响，但首先我们必须得了解行动的根本实质。行动是由思想产生的吗？你是先有了某个想法尔后再付诸行动的吗？抑或是先有了行动然后才有了想法的呢？因为行动制造出了冲突，你是否围绕它而有了某个想法？究竟是行动产生了行动者，还是行动者先于行动呢？

要探明孰先孰后这一问题是至关重要的。如果想法先出现，那么行动就只是遵照了该想法，因此它便不再是行动，而是依据该想法所做的模仿，是一种被迫的行为。认识到这一点极其重要，因为，我们的社会大部分构筑在智识或口头的层面上，我们所有人都是想法先行，行动在后。于是行动便是思想的侍女，而单纯的思想的构成显然对行动有害。想法滋生出了进一步的想法，当只有想法的滋生时便会出现敌对，社会就会因思想的智识过程而变得失衡起来。我们的社会结构是非常智识化的，我们以牺牲自身存在的所有其他要素为代价来培养智识，所以我们被各种思想所窒息。

思想是否能够产生行动呢？抑或思想只是让思考定型，从而限制了行动呢？当行动是由某种思想所强迫的时候，行动就永远无法使人类得到解放。对于我们而言，认识到这一点是至关重要的。倘若行动为某种思想所定型，那么它便永远无法为我们的种种苦难提供解决之道。对思想的过程进行研究，对社会主义、资本主义、共产主义或者各种宗教的思想体系的形成予以研究是极为重要的，尤其是当我们的社会正站在一场巨大灾难的悬崖边缘之时。那些真正有志于去为人类的诸多问题寻求解决之道的人们，必须首先了解思想形成的过程。

我们所说的思想指的是什么？思想是如何形成的？思想和行动能够一起产生吗？假设我有了某个想法，我希望将其付诸实践，我寻找某种实施的方法，我们反复推敲着、思索着，将时间和精力浪费在了对思想究竟应该如何付诸实践的争论上。所以，探明思想是如何形成的真的是非常重要。在发现了思想形成的真理之后，我们便能够讨论有关行动的问题了。不对思想展开讨论而只是探明如何去行动是毫无意义的。

你是如何有了某个想法的呢？一种非常简单的想法，不需要是有关哲学、宗教或是经济的。显然它是一种思考的过程，不是吗？思想是某种思考过程的产物。没有思考的过程就不可能会有思想。所以，在我能够认识思考的产物即思想之前，我必须要了解思考过程本身。我们所说的思考指的是什么呢？你什么时候会思考呢？显然，思考是某种神经或心理反应的结果，不是吗？它是人体的各个感官对某种知觉的直接反应，抑或它是对自身所累积的记忆做出的心理上的反应。有各类神经对某种知觉的直接反应，有对所累积的记忆做出的心理上的反应，有对种族、群体、上师、家庭、传统等等的影响——你将这些统统称作为思考。所以思考的过程便是记忆的过程，不是吗？假如你没有任何记忆的话，你也就不会有任何的思考了。对某种特定经历的记忆做出反应，使得思考的过程变成了行动。例如，我累积了关于民族国家的记忆，称自己为一个印度教教徒。我的记忆的蓄水池里，盛满了过去的反应、行动、含义、传统和习俗，因此我会对一位伊斯兰教徒、佛教徒或基督徒的挑战有所反应，记忆对挑战的反应无疑会带来思考的过程。通过观察自身所发生的思考的运作过程，你能够对这一问题的真相进行直接的检验。你曾经被某人羞辱，这番经历留在了你的记忆中，它形成了背景的一部分。

而你与该人的再次相遇便成了一种挑战，你的反应都将源于对那次羞辱的记忆。所以，对记忆的反应，即思考的过程，产生出了思想，因此思想总是被限定的——认识到这一点十分重要。这也就是说，思想是思考过程的产物，思考过程是记忆的反应，而记忆总是被限定的。记忆总是在过去，如今该记忆因某个挑战而复活了。记忆本身没有生命；当你面临着某个挑战时，记忆便在当下有了生命。所有的记忆，无论是静止的还是活跃的，都是被限定的，不是吗？

因此我们需要用一种截然不同的方法来研究该问题。你必须认真地想一想，是否你正按照某种思想在行动，会不会存在没有思想过程的行动。我们所要寻找的，是不以某种思想为基础的行动。

你什么时候会在没有思想的情形下行动呢？什么时候会有一种不是经验之结果的行动呢？正如我们所言，以经验为基础的行动是有限的，因而是一种阻碍。当基于经验的思考过程不会对行动加以控制时，便会同时出现不是思想之产物的行动。这意味着，当心智不去控制行动时，便会存在不依赖于经验的行动。只有当基于经验之上的心智不对行动予以指引时，只有当基于经验之上的思考不对行动进行塑造时，只有在这种状态下，才会有真正的认知。没有思考过程的行动会是怎样的呢？能够存在没有思考过程的行动吗？我想要建造一座桥梁、一栋房屋，我懂得相关的技术，而技术告诉了我如何去建造。我们将这个称作为行动。有写作一首诗歌的行动，有创作一幅画的行动，有政府履行其职责的行动。所有这些行动，都是以某种思想或之前的经验为基础的。然而是否存在没有思想过程的行动呢？

显然，当思想停止时便会存在着这样的行动了，而只有当爱存在的时候，思想才会停止。爱不是记忆，爱不是经验，爱不是想到你所爱的人，因为那只是思想。你无法去想到爱。你可以想到你所爱的人或者你所献身的人——你的上师、你的妻子或丈夫，然而思考、象征都不是真正的爱，因此爱并不是一种经验。

有爱的时候便会有行动，不是吗？这种行动难道不是具有解放性的吗？它不是思考的结果，爱与行动之间，并非像思想和行动之间那样存在着间隔。思想总是旧的，它的阴影投在了当下的生活里，我们一直试图在思想和行动之间建起一座桥梁。当爱存在的时候——它不是思考、不是记忆、不是某种被体验或实践了的教义的结果——那么这种爱便是行动。这是唯一能使我们获得自由的事物。只要有思考，只要有作为经验的思想对行动的塑造定型，就不可能有自由。只要这种过程持续着，所有的行动便都是有限的。当我们发现了这一真理时，爱的品质——它不是思考，不是某种你可以去想到的事物——就会出现了。

人们必须要意识到思想形成的整个过程，必须要了解行动是如何源自思想的，思想又是怎样依靠感知来控制着行动并因此对其予以限制的。

思想是谁的，是左翼的还是右翼的，这无关紧要。只要我们依附于思想，那么就不可能处于正在经历的状态。我们只是生存在时间的领域里——过去或未来。过去提供了进一步的感知，未来则是另一种感知形式。只有当心灵摆脱了思想的束缚获得自由时，它才会处于一种正在经历的状态。

　　思想不是真理，真理是必须要每时每刻被直接体验的事物。它不是你所渴望的一种体验——你所想要的体验只是感知罢了。只有当一个人能够超越了思想的界限即"我"、即心智时，只有当思想处于绝对的静默时，才会出现一种正在经历的状态，尔后他便会懂得什么是真理了。

5.信仰和知识

信仰和知识是同欲望紧密相连的。假如我们能够了解这两个问题的话，那么就可以认识到欲望是如何运作的以及它的复杂性了。

在我看来，被多数人急切地接受并视为理所当然的事物之一，便是信仰的问题。我不是在攻击信仰。如果我们能够认识到接受信仰的动机和原因，那么或许不但可以知道我们为什么会这样做，而且还能够摆脱其束缚得到自由。我们可以看到政治、宗教、民族以及其他各类形式的信仰是如何将人与人隔开来的，是如何制造出了冲突、混乱和敌对的——这是一个显而易见的事实，然而我们依然不愿意将其放弃。世界上有印度教信仰，有基督教信仰，有佛教信仰——还有不计其数的宗派信仰、民族信仰以及不同的政治思想体系，所有这些都彼此争斗着，都试图令对方改变其原有的信仰。显然，我们可以看到，信仰使得人与人之间发生着分裂和疏离，导致了不容异说的褊狭。能否不带有信仰去生活呢？只有当一个人能够去对自身与信仰的关系展开研究时，他才可以寻找到该问题的答案。我们能够不带有任何一种信仰而生存在这个世界上吗？不是去改变信仰，不是去用一种信仰代替另一种信仰，而是完全地摆脱所有信仰的束缚，如此一来我们与生活的相遇每分每秒便都是崭新的。这就是真理：每时每刻都拥有迎接崭新事物的能力，而不必以对过去的反应为条件。

假如你思考一下，将会发觉，我们之所以渴望去接受某种信仰，其中的一个原因便是出于恐惧。如果我们没有信仰，那么将会发生些什么呢？我们不应该去对可能发生的事情深感恐惧吗？倘若我们没有基于某种信仰的行为模式——或是信仰神，或是信仰共产主义、社会主义、帝国主义，或是信仰规范着我们言行的某种宗教礼仪和戒律——我们将会感到彻底的失落，不是吗？接受某种信仰，难道不是为了掩盖住我们的恐惧感吗？我们害怕一无所有，害怕空空如也。然而，只有当一个茶杯空无一物的时候，它才会是有用的。而一个充斥着各种信仰、教义、主张及书本之言的心灵，将会是一个只知重复，不具有任何创造力的心灵。想从这种恐惧感中逃脱出来——这种对虚无的恐惧，对孤独的恐惧，对停滞的恐惧，对未能取得成功、未能有所成就、未能成为某个大人物的恐惧——显然便是我们为什么会如此急迫而贪婪地去接受各类信仰的原因之一，难道不是吗？通过对信仰的接受，我们便能够认识自我了吗？恰恰相反。显然，宗教或政治信仰会阻碍对自我的认知。它犹如是一面我们借其来观察自己的镜子。没有信仰，我们能够审视自我吗？如果我们把自身所抱持的诸多信仰抛到一边，那么还会剩下什么供我们去察看呢？假若我们的心灵没有了其所依附、所认同的各类信仰，那么它便能够察看到自己的本质——尔后就可以开始展开对自我的认知了。

有关信仰和知识的问题，真的是非常地有趣。它在我们的生活中扮演着多么至关重要的角色啊！我们每个人抱持着多少信仰啊！显然，一个人越是有学问、有文化，怀有越多精神性的理念，那么他就越没有能力去认识自我。原始人有着无数的迷信，即使是在现代世界里，很多未开发地区的民众依然如此。越是清醒，越是机敏，或许就越少信仰。信仰会约束我们，信仰会使我们彼此隔离。我们看到这种情形在世界上是如此普遍，无论是在经济领域，还是在政治舞台，抑或是在所谓的精神世界中。你相信神是存在的，而或许我认为神并不存在；又或者你相信全民所有制，而我则主张私有制度；你相信只存在一个救世主，通过他你可以达其所愿，而我则并不这么认为。所以你及你的信仰，我和我的信仰，都在坚持己见。然而我们都会谈论到爱，谈论到人类的和平与统一，谈论到我们各自的生活——这毫无意义，因为信仰实际上是一种隔离的过程。你是一位婆罗门，我是非婆罗门阶层；你是一名基督徒，我是一个伊斯兰教徒，诸如此类。你谈到手足之谊，我也会论及兄弟之情、爱与和平。然而实际上我们却是彼此隔离的，我们将自己划分为了不同的群体。假如一个人渴望和平，渴望去创造出一个崭新而快乐的世界，那么很显然他就不会通过任何一种形式的信仰而将自己隔离开来。这难道不是显而易见的吗？这或许只是口头上的，但假如你看到了该问题的重要性、有效性及正确性的话，它就将转化为行动了。

我们发现，哪里有欲望在运作，哪里就必然会有因信仰而滋生的隔离，因为显然你是为了经济上的、精神上的以及心理上的安全感而去信仰某事的。我并不是在谈论那些出于经济原因而去信仰的人，因为他们被教育说要去依靠自己的工作，所以就成了天主教徒或印度教徒——哪派的教徒都无关紧要——只要能够给他们提供一份工作就行。我们也不是在讨论那些为了谋求方便而去坚持某种信仰的人，或许我们大多数人都是如此，为了方便，我们信仰某些事物。去掉那些经济因素，我们必须更为深入地探讨该问题。我们所要谈论的，是那些对某种经济的、社会的或精神上的事物报以坚信姿态的人，而这背后的原因是心理上渴望获得安全感，难道不是吗？我们所要探讨的，是那种想去信仰某事物的急切而持续的冲动。一个内心宁静的人，一个真正认识了人类存在的全部过程的人，是不会被某种信仰所束缚的，不是吗？他认识到自身的种种欲望不过是试图寻求到安全感的手段罢了。请不要滑向另一个极端，声称自己所宣扬的是无宗教论，这根本不是我的观点。我的意思是，只要我们没有理解以信仰为形式的欲望的过程，那么就势必会存在着争斗、冲突和苦难，人与人之间势必会相互敌对——这种情形每天都在上演着。因此，假如我能意识到欲望的过程采用的是信仰的形式，而这种急于去信仰某事物的欲望所表明的是内心对于安全感的寻求，那么我的问题便不会是我应当信仰这个还是信仰那个，而是我应当使自己从对安全感的渴望中解放出来。心灵能否从对安全感的渴望中解放出来呢？这才是问题之所在——而不是该去信仰什么以及该去信仰多少。所有的信仰都只是表明了心理上渴望获得安全感和确定感，尤其是在世界上的万事万物都是如此不确定的情形之下。

　　一个觉知的心灵，一个有个性的人，能否从对安全感的渴望中摆脱出来而获得自由呢？我们希望拥有安全感，因此需要求助于住房、钱财和家庭来作为保障。我们希望通过树立起信仰之墙来获得一种内在的和精神上的安全感，这表明我们渴望拥有一种确定感。作为一个个体的你，能否从这种对安全感、对信仰某事物的急切渴望中解放出来呢？假若我们没有从中解放出来，那么我们便会成为争斗的根源；便无法给世界带来和平与安宁；我们的心中便不会有爱存在。信仰具有破坏性，我们在日常生活中时常能够看到这种情形。当我被这种渴望、这种对信仰的依附所束缚时，我能够去认识到自我吗？心灵能够摆脱信仰获得自由吗？这种心灵的自由，并不是指寻求某种信仰的替代品，而是彻底地、完全地摆脱信仰。对于这个问题，你不能嘴上回答说"是"或"否"。但如果你的意图是从信仰的束缚中解放出来的话，那么你便能够给出一个明确的回答。尔后你必然会去关注的问题将是，你寻找着能将你从对安全感的急切渴望中解放出来的方法。显然，当你愿意去信仰某物时，内在的安全感是无法继续的。你乐于去相信存在着一个神，他细心地庇护着你的那些渺小而卑微的利益，告诉你应该看些什么、做些什么以及如何去做。这是一种幼稚的不成熟的想法。你认为伟大的天父正在看护着我们每一个人，这只是你自己的个人愿望的投射罢了。它显然并不是真理，真理必定是与此大相径庭的。

我们接下来所要探讨的便是有关知识的问题了。在认识真理的过程中，知识是否是必要的呢？当我说"我知道"时，其蕴含的意思是，有知识存在。这样的心灵是否拥有探究和寻觅真理的能力呢？此外，实际上我们所知的究竟是些什么呢？我们知道信息，我们的头脑里充满了以我们自身的条件背景、我们的记忆和能力为基础的各类信息和经验。当你说"我知道"时，你所指的是什么呢？或者是表明你对某个事实、某个信息的认知；或者指的是一种你所拥有过的经验。信息的不断累积，各类知识的不断获得，所有这些使得你去宣称"我知道"；你开始根据自己的背景、欲望和经验去对你所读到的内容进行阐释。在你的知识领域里，运作着一种与渴望相类似的过程。我们用知识代替了信仰。"我知道；我有经验；它不能被驳倒；我的经验是如此，我完全依赖于我的经验"。这些便是知识的表达。可是当你超越它、分析它、更为明智和仔细地去观察它时，你就会发觉，"我知道"这一宣称其实是另一堵将你我隔开的墙壁。你躲避在这座高墙的后面，寻求着安全感和慰藉。所以，当心灵越为知识所累时，它就越缺乏认识自我的能力。

我不知道你是否曾经思考过有关知识的接受这一问题——知识是否最终帮助我们去爱、帮助我们摆脱那些在你我的身上制造出了冲突的各种特性？知识是否让心灵从欲望的羁绊中解脱出来？因为欲望是破坏各类关系，使人与人之间相互敌对的特性之一。假如我们彼此间和平共处地生活，那么显然欲望就必定要完全终结——不仅仅是政治上的、经济上的、社会方面的欲望，而且还包括更为微妙和有害的欲望，心灵上的欲望——想功成名就的欲望。心灵有可能从这种知识的累积过程中、从对知识的欲望中解脱出来吗？

观察一下知识和信仰是如何在我们的生活里扮演着举足轻重的角色的，这是一件非常有趣的事情。看一看我们何等崇拜那些博学广闻之士！你能够理解其含义吗？如果你要去发现某个崭新的事物，要去体验某个并非是你的想象所投射的事物，那么你的心灵就必须得是自由的，不是吗？它必须有能力去探明这一崭新的事物。不幸的是，每次当你去察看某个崭新事物时，你都会带着你已经知道的所有信息，你的全部知识以及过往的记忆，那么显然你就无法去观察和接受任何全新的事物了。请不要立即对这句话进行详细解读。如果我不知道如何返回我的住所，我就会迷路；如果我不知道怎样去操作一部机器，我就会变得毫无用处。这是截然不同的事情，我们在此不做讨论。我们所讨论的是知识，它被当作了寻求安全感的一种方法、被当作了实现心理上想要功成名就这一欲望的方法。通过知识你得到了什么——知识的权威、知识的分量、重要感、尊贵、生命力的感受？一个宣称"我知道""有"或"没有"的人，显然已经停止了去思考和探寻这种欲望的运作过程。

在我看来，我们的问题在于，我们是否被信仰、知识所累、所局限？心灵能否从昨天、从通过昨天而获得的各类信仰中解放出来？你理解这一问题了吗？作为个体的你和我，能否生存于这个社会之中，却又摆脱各类被灌输给了我们的信仰的羁绊呢？心灵能否从所有的知识和权威中解放出来呢？我们阅读各类文稿，各种宗教书籍。书本上详细地描述了该做什么、不该做什么、怎样去达到目标、目标是什么、神是什么。你对此熟稔于心并且亦步亦趋。这便是你的知识，这便是你所获得的，这便是你所学到的，你一直沿着这条路行走着、追逐着。显然你会找到你所追逐和寻觅的，但这是正确之举吗？它难道不是你自己的知识的投射吗？你能否意识到当下呢？——不是明天，而是当下——并且说："我发现了它的真相。"然后让它走开，如此一来你的心灵才不会因这种想象的过程、投射的过程而裹足不前。

　　心灵能够摆脱信仰的束缚获得自由吗？只有当你了解了你坚持信仰的本质原因，了解了那些致使你去信仰的有意识和无意识的动机，你才能够摆脱信仰的羁绊。因为，我们并非只是一个仅仅活动于意识层面的肤浅的存在。假如我们让无意识的心智发生变化，那么我们就可以发现更为深层的意识的活动以及无意识的活动，因为它在反应上比有意识的心智更为迅捷。当有意识的心智安静地思考、聆听和观察时，无意识的心智要更为活跃、机敏一些，更加善于接纳一些，所以它能够提供给我们答案。一个屈从于信仰，被其胁迫和强制的心灵，还能够自由地思考吗？它能够获得重生并且移除你与他人之间的隔阂吗？请不要说信仰让人们团结在了一起，因为事实情形并非如此，这是显而易见的，从未有任何组织化的宗教做到了这一点。看一看你自己国家的民众吧，你们全都是信仰者，但你们何曾团结一致过？你们心知肚明，大家并不是相互团结的。你们被划分为了如此之多的小派别和阶层，你们知道存在着无以计数的类似的划分。这种情形在全世界都极为普遍，无论是东方还是西方——为了一些鸡毛蒜皮的小事，基督徒之间便彼此残害甚至屠杀，将人们驱赶进了不同的阵营，世界的上空被战争的阴云笼罩着。因此，信仰并没有使人们团结，这是极其显而易见的事实。然而困难在于，我们大多数人都没能了解到这一点，因为我们无法去面对那种内在的不安全感，那种孤立无助感。我们渴望去依附于某种事物，它或者是国家、阶级，或者是民族，或者是一位救世主或任何其他的事物。当我们明白了所有这些谬误时，心灵便能够——或许只是暂时的一瞬间——去探明关于这一问题的真理了，即使这对心灵来说太过困难了，之后它又回到了原初的状态。然而暂时的、哪怕只是瞬间的探明也已经足够了，因为尔后你将会发现非凡之物的出现。无意识在运作，尽管意识可能会予以抵制。无意识运作的这个瞬间，不是心灵中各种信仰、经验和知识的渐进积累的作用，而是它唯一的存在，而且将拥有它自己的结果，尽管有意识的心智对它进行斗争。

所以我们的问题是："心灵能否摆脱知识和信仰的束缚得到自由？"心灵不是由知识和信仰所组成的吗？心灵的结构不是信仰和知识吗？信仰和知识是心灵的中心即认知的过程。这一过程是封闭性的，这一过程是有意识的，也是无意识的。心灵能够摆脱其自身的结构吗？心灵能够停止如此吗？这便是问题所在。正如我们所知道的那样，心灵的背后有信仰、有欲望、有对于安全感的急迫、有知识以及能量的累积。假如一个人带着其心灵所具有的全部力量和优越却无法做到独立的思考，那么世界上便不会有和平存在。你可以谈论和平，你可以组织政治党派，你可以站在屋顶振臂高呼，但是你却无法拥有和平，因为正是你的心灵制造出了争议、隔阂与对抗。一个宁和的人，一个热诚的人，不会一边将自己与他人隔离开来，一边高谈阔论所谓的兄弟情谊与和平。政治、宗教、成就感以及野心，都只是一场游戏罢了。一个真正怀有热情的人，一个渴望去发现、去探寻的人，必须得直面知识和信仰这一问题；他必须加以探究，去发现这种对于安全感和确定感的渴望发生运作的整个过程。

显然，一个能够发现与接纳新鲜事物（或者是真理，或者是神，或者是其他你所希冀的事物）的心灵，必须得停止去获得、去积累，必须得将所有的知识搁置一边。一个为知识所累的心灵无法认识到真理，无法探明未知。

6. 努力是一种误区

对于大多数人而言，我们的全部生活都建立在努力的基础之上，即某种意志力之上。我们无法去设想一种没有意志力、没有努力的行动。我们的社会生活、经济生活以及所谓的精神生活，全都是一系列的努力，总是要达到某种结果方才结束。我们也认为努力是必要的，是不可或缺的。

我们为什么要努力呢？难道我们不就是为了获得某个结果、为了功成名就、为了达到某个目标而有所努力的吗？假如我们不去努力的话，就会觉得自己是停滞不前的。我们怀有某个正在不断去为之奋斗的目标，而这种奋斗已经成了我们生活的一部分。如果我们想要让自身有所改变，如果我们想要使自己发生某种根本性的变化，我们就会付出巨大的努力来除掉旧的习性，抵御习惯性的环境的影响，诸如此类。所以我们习惯为了去发现或得到某事物，为了生存而去展开一系列的努力。

所有这些努力难道不是一种极其自我的活动吗？努力难道不就是以自我为中心的活动吗？倘若我们以自我为中心去展开各种努力的话，那么它势必会引发更多的冲突、混乱和苦难。然而我们在努力之后还继续努力着。我们中极少有人能够意识到，以自我为中心的努力是无法解决任何问题的。相反，它会增加我们的冲突、苦难和悲哀。

我认为，假如理解了努力究竟指的是什么，那么我们就将能认识到生命的意义了。幸福来源于努力吗？你可曾努力去得到幸福？这是不可能的，不是吗？你努力想要幸福，但却没有幸福，不是吗？快乐不是来自压抑、控制或者沉迷。你可以沉迷于放纵之中，但最终只能收获到痛苦的果实。你可以压抑或控制，但总有着潜藏的斗争。所以幸福并非来自努力，快乐并非来自压抑或控制。然而我们的生活却是一系列的压抑、一系列的控制、一系列令人遗憾的沉迷；还有不断地克服，不断地与我们的激情、贪婪和愚蠢展开斗争。所以难道我们不是在斗争着、努力着，只为希望去寻觅到幸福、寻觅到某种能让我们感觉到宁静与爱的事物吗？可是爱或者理解会由斗争而得到吗？我认为，明白我们所说的奋斗、斗争或努力的含义是十分重要的。

努力，意味着一种奋斗，其目的是想把真实的自我变成非我，或者变成应当的那个"我"。也就是说，我们不断努力着去避免面对自我，或者我们试图去逃避自我、去转变和修正自我。一个真正知足的人，是一个能够认识自我、能够将正确的意义赋予自我的人，这才是真正的满足。他所关心的，不是拥有多少财产，而是认识到自我的全部意义。只有当你真正认识到自我而非试图去修正或改变它时，你才能得到满足和宁静。

因此我们发觉，所谓的努力，是一种奋斗或斗争的过程，旨在将真正的那个"你"变为你所希望的那个"你"。我只是在讨论心理上的斗争，而非物理学的问题，比如工程学或者某项发明、抑或是纯粹的技术上的革新。你可以带着高度的审慎、运用社会所给予我们的无穷知识来建立起一个非凡的社会。但是，只要心理上的冲突和纷争还未被理解，只要心理上的过激和暗涌还未被克服，那么社会结构就必定会瓦解，就像已经一次次发生过的情形那样。

努力是对真正自我的游离。在我接受了自我的本来面目那一刻，是不会存在着任何斗争的。任何形式的斗争都代表了游离。而只要我在心理上希望去将自我变为非我时，那么这种游离即努力就必然会存在。

首先我们必须要清楚地认识到，快乐和幸福并非来自努力。创造是否源于努力呢？还是只有当努力停止时创造才会存在呢？你什么时候写作、绘画或歌唱呢？你什么时候有所创造呢？显然，当没有任何刻意为之的努力时，当你处于完全的开放与沟通状态时，创造之火才能在你的心中燃烧起来。尔后才会有快乐，尔后你才能开始歌唱、写诗、绘画或构想某事物。创造的时刻不会脱胎于努力。

或许在对创造力这一问题展开理解的过程中，我们将能够知道所谓的努力究竟指的是什么。创造是努力的产物吗？在我们富有创造力的那些时刻，我们意识到了它吗？或者创造力是一种彻底忘我的感觉，是一种当心灵没有了一丝混乱，当一个人完全没有意识到思考的活动，当生命个体处于完整而充实的状态时才会出现的感觉？这种状态是辛劳、斗争、冲突或努力的结果吗？我不知道你是否曾经注意到，当你轻易、迅速地做着某件事情的时候是不存在所谓的努力或奋斗的。但是，由于我们的生活大部分都充满了一系列的冲突和斗争，因此我们无法去想象一种丝毫没有奋斗的生活和存在状态。

显然，要想理解这种没有任何努力的存在状态，这种富有创造力的存在状态，一个人就必须得去探究有关努力的全部问题。我们所说的努力，指的是努力着去使自己满足，去功成名就，不是吗？我是这样的，我想要变成那样的；我不是那样的，我必须变成那样的。在变成"那样"的过程中，会有斗争、冲突和奋斗。在这种奋斗中，我们所关心的，必然是通过达到某个目标而实现自我的满足。我们在某个事物、某个人、某种理念身上去寻找自我的满足，这便要求展开不断的斗争、奋斗和努力去达到目标，因此我们视这种努力为必须。我想知道，努力——这种想功成名就的努力是否真的是必须的呢？为什么会存在着这种努力呢？只要存在着自我满足的欲望，不论是何种程度或何种层面上的，都必然会有斗争。满足是动机，是努力背后的驱动力。

为什么会有对自我满足的欲望呢？显然，当一个人意识到自己不名一文时，便会滋生出想要达成某个目标的欲望，滋生出想要功成名就的欲望。因为我是一个小人物，因为我不足、空虚、内在贫瘠，所以我努力想有所作为。我努力着在某个人、某件事物或某种理念中实现自我的内在和外在的满足。填满那种空虚便是我们存在的全部过程。意识到自己是空虚的，内在是贫瘠的，于是我们便付出努力，或去汲取外部的各种事物，或去培养内在的富足。只有当通过行动、通过深思、通过获得、通过成就、通过权力等手段来逃离内在的空虚时，才会有所谓的努力，这便是我们的日常体验。我觉察到了自己的不足、内在的贫瘠，于是我努力去摆脱这种状态，努力去填满它。这种摆脱和躲避，这种试图去掩盖空虚的做法，就必然会带来斗争、奋斗和努力。假如一个人不去努力摆脱的话，将会发生些什么呢？一个人带着那种孤独和空虚生活着，在接受空虚的过程中，他会发觉将出现一种与奋斗和努力毫无关系的富有创造力的状态。只要我们试图去躲避那种内在的孤独和空虚感，便会有努力存在。但是当我们观察它时，当我们不去躲避而是坦然地接受自我时，就会发现将出现一种不再有任何斗争的状态。这种状态便是创造力，而它并非是努力的结果。

当你认识到了自我的本来面目，即意识到了自身的空虚与内在的不足，当你带着这种不足感并且对其有了充分理解时，就会出现富有创造力的真实、富有创造力的智慧，而这种真实和智慧便是幸福的源头。

因此，正如我们所知道的那样，行动实际上是一种反应，是一种永不停止的想要成为什么的反应，而这是对真实自我的否认和躲避。然而当你不进行选择、不予以谴责或评判，意识到了空虚时，那么在你对自我的认识中就会有行动，而这种行动则是一种创造性的存在。假如你在行动中察觉到了自我，那么你将会理解到这一点。当你在行动时，你要去观察你自己，不只是外在地观察，而且还要观察你的思想和情感的运动。当你意识到了这种运动时，你就会发觉，思想的过程，这也是情感和行动的过程，是以某种想要成为什么的念头为基础的。只有当不安全感存在时，才会滋生出变成怎样的想法，而这种不安全感是在一个人意识到了内在的空虚时出现的。倘若你认识到了思想和情感的这一过程，你就会发现持续的斗争一直在进行，就会发现存在着一种试图去改变和修正自我的努力，这就是想要"变成怎样"的努力，而这是对自我的一种直接躲避。通过认识自我，通过不断地觉知，你会发现，想变成怎样的努力、斗争和冲突，将我们带上了一条通往痛苦、悲伤和无知的歧途。只有当你觉察到了内在的不足却又并不逃避，而是与其共存，去全盘接受它时，你才会发现一种超凡的宁静，一种伴随着对自我的认识和理解而出现的宁静。只有在这种宁静的状态之中，你才会成为一个富有创造力和生机的个体。

7. 心灵的作用

当你察看自己的心灵时，你不仅会观察到所谓的心灵的表层，而且还会观察到深层的无意识的状态，你会察看到心灵真正的活动过程，不是吗？这是你能展开探究的唯一途径。不要添声加色地自行去解释心灵应当做些什么，应当如何去思考或行动。也就是说，假如你认为心灵应当是这样或者不应当是那样的话，你就会停止了所有的探究和思考；又或者，假如你援引了某种权威之说，那么你同样也停止了思考，不是吗？如果你引用了佛陀、基督或某某某的言论，你就会停下所有的探究、思考和追寻的脚步。所以一个人必须要提防这样的情形出现。倘若你想同我一道去探究有关自我的问题，那么你就必须要将所有这些心灵的细枝末节都搁置一旁。

心灵的作用是什么呢？想要寻求到关于该问题的答案，你就必须得认识到心灵究竟在做些什么。你的心灵在做些什么呢？它完全是一种思考的过程，不是吗？否则心灵便会缺席了。只要心灵没有在进行有意识的或无意识的思考，那么就不会有意识存在。我们必须要去探明，我们在每日生活里所运用的心灵，也就是我们大多数人都没有觉察到的心灵，与我们的诸多问题究竟有着怎样的关联。我们必须要看到心灵的真实模样，而非它应当的样子。

心灵的作用是什么呢？它实际上是一种隔离的过程，难道不是吗？从根本上来说，它是一种思考的过程。它是一种以孤立的、隔离的形式展开的思考，但又仍然保持着某种集体性。当你观察自己的思考时，你会发觉它是一种隔离的、破碎的过程。你根据自己的反应，记忆的、经验的、知识的和信仰的反应而思考。你对所有这些都予以了反应，不是吗？你的反应依赖于你的知识、你的信仰以及你的经验，这是显而易见的事实。存在着各种不同形式的反应。你说："我必须得有兄弟情谊"，"我必须与人合作"，"我必须要友好"，"我必须要和蔼"等等。这些是什么？这些都是反应。然而思考的根本反应是一种隔离的过程。你们每个人都在观察着自己心灵的活动过程，这意味着观察自身的行动、信仰、知识和经验。所有这些都给予了安全感，不是吗？它们为思考过程赋予了安全感和力量。这种过程只是强化了"我"、心灵、自己——无论你将这种自我称作高级还是低级。我们所有的宗教、所有的社会准则和法律，均对个体报以支持，与此相反的则是集权主义的政府。假如你更为深入地去探究无意识，会发现它也有着同样的运作过程。在无意识状态中，我们受到了环境、风土、社会、父母等诸多因素的共同影响，于是便会渴望以个体的"我"的姿态去抒发己见、去支配和统治。

正如我们所知道的那样，心灵的作用难道不是一种隔离的过程吗？你难道不是在寻觅着个体的救赎吗？你打算在将来有所成就，或者现在你就想成为某个举足轻重的大人物，比如当一名大作家。这个过程的趋势便是要被隔离开来。心灵能否不这样呢？心灵能否不以一种自我封闭的、断片式的方式来进行孤立的思考呢？这是不可能的。我们崇拜心灵，心灵有着非凡的重要性。你难道不知道，当你有一点儿机灵，当你有了一丝敏捷，当你有了一些累积的信息和知识时，你在社会上会变得多么的重要吗？你知道你是多么崇拜那些有智慧的长者，那些律师、教授、演说家、大作家、阐释者和说明者吗？你已经培养了智识和心智。

心灵的作用便是分隔化、个体化，否则你的心灵就不会存在了。几个世纪以来，人们一直在培养这一过程，于是，我们发觉自己无法与他人合作，我们只能在经济方面或是宗教领域被权威和恐惧所驱使、所强迫。假如这便是我们的动机、意图和追求中的真实状态，不仅是在意识的层面上而且还是在更深的无意识的层面上都是如此，那么怎么可能会有合作的存在呢？怎么可能会理智地团结起来共同去做某件事情呢？这几乎是不可能的，所以宗教和组织化的社会政党便强迫着个体去服从某些纪律和规范。假如我们想要团结起来共同去做某件事情的话，那么戒律便不可或缺。

除非我们懂得了如何去超越这种隔离化的思考，超越这种以集体或个体的形式去强调"我""我的"，否则我们就无法拥有宁静，就会有着不断的冲突和战争。我们的问题在于如何去结束这种造成隔离的思考过程。作为语词和反应之过程的思考，可曾破坏过自我呢？思考就是反应，思考不具有创造性，这样的思考能够终结自身吗？这便是我们试图要去探寻的问题。当我沿着"我必须要遵守准则""我必须要恰当地思考""我必须要这样或那样"的轨迹去思考时，思考便在强迫、压制和规范着自身。这难道不是一种隔离的过程吗？

你将怎样去结束思考呢？又或者，这种隔离化的、断片式的、局部性的思考将如何终结呢？对此你打算怎样去着手呢？你们所谓的自制会破坏它吗？请审视一下自制的过程，它仅仅就是一种思考过程，其间存在着征服、压抑、控制和统治——所有这些都对深层的无意识产生着影响，随着你年龄的增长，这种自制的过程便开始彰显出来了。在经历了长时间的尝试之后，你必将发现自制显然不是一种破坏自我的过程。自我无法通过自制而被破坏，因为自制是一种强化自我的过程。你们所有的宗教都支持它，你们所有的冥想和主张都建立在它的基础之上。知识会破坏自我吗？信仰会破坏自我吗？换言之，我们为了实现自我而在当前所做的任何事情，所参与的任何活动会破坏自我吗？在一种隔离和反应的思考过程中，所有这些难道不都是一种根本性的浪费吗？当你从根本上或深入地意识到了思考无法终结其自身时，你会做些什么呢？会发生些什么呢？观察你自己。当你完全意识到了这一事实时，将会发生些什么呢？你了解到任何反应都是被某些条件限定的，经由这些限定，在开始或在结束时便不可能会有自由存在——自由总是在开端，而不是在终点。

任何反应其实都只是某种的形式的限定，所以令以不同的方式使自我得以持续，当你意识到这一点的时候，将会发生什么呢？你必须要十分透彻地了解这一点。信仰、知识、教义、经验、达到某个结果或目的的整个过程、想要在当下或将来功成名就的野心——所有这些都是一种隔离的过程，这一过程带来了毁坏、苦难和战争，而我们并没有展开集体性的行动来逃离该过程。你觉察到这一事实了吗？当你说"它是如此""这便是我的问题""我明白知识、教义、欲望能够做些什么"时，你心灵的状态是怎样的呢？显然，假如你明白了所有这一切，那么就会有一种不同的运作过程了。

我们懂得各种智识的方法，却不知道如何去爱。你无法通过智识知道如何去爱。智识，带着其所有的衍生物，带着其所有的欲望、野心和追逐，必然会终结爱的存在。你难道不知道吗？在你爱的时候，在你与他人合作的时候，你不是会想到你自己的。这才是智识的最高形式，而不是当你自视为一个更高等的个体，或者当你拥有更高地位的时候去爱。当你在其间掺杂了利益时，便不可能有爱，而只有利用和恐惧。只有在心灵缺席时，爱才会出现。所以我们必须要了解心灵的整个过程，要了解心灵的作用。

只有当我们知道如何去彼此相爱时，才会有合作出现，智识才会发生作用，才能团结在一起去攻克某个问题。只有在那时，才有可能去探明神是什么、真理是什么。如今我们正试图通过智识、通过模仿及偶像崇拜去发现真理。只有当你理解彻底抛开自我的整个结构时，那永恒的、不可测度的事物才会出现。你无法朝它走去，它会向你走来。

8. 什么是自我

我们知道所谓的自我指的是什么吗？我所说的自我，是指理念、记忆、结论、经验、各种可命名的或无法命名的意图，指各类有意识成为什么或不成为什么的努力，指累积起来的关于无意识、种族、群体、个体、部族及所有种种的记忆。无论它是外在地投射到了行动之中，还是内在地投射为了美德，为所有这些事物而展开的努力便是自我。在它里面包含有竞争和欲望，这整个的过程便是自我。当我们面对着自我时，会真切地认识到它是一个邪恶的事物。我有意使用了"邪恶"一词，因为自我便是划分，自我便是自我封闭，无论它的行为是多么的高尚，都是隔离的、孤立的，我们深知这一点。我们还知道，当自我缺席时，当没有了所谓的努力和奋斗感时，便会有爱出现。

在我看来，应当去了解体验是如何强化自我的，这十分重要。那么我们所谓的体验指的是什么呢？我们一直都拥有体验和印象，我们对那些印象予以解释，并根据它们来做出反应或采取行动。在我们所看到的事物与我们对它的反应之间，在意识和无意识的记忆之间有着不断的相互作用。

我根据自己的记忆来对我所看到的事物、所感受到的事物做出反应。在对我所看见、所感受、所知晓、所相信的事物做出反应的过程中，体验便在发生着，难道不是吗？对所见事物的反应或回应，便是体验。当我看见你时，我会有所反应，这种反应便被命名为了体验。假如我没有对该反应予以命名，那么它就不是一种体验。观察你自己的反应以及周遭正在发生的一切。除非有一个同时发生的命名过程，否则就不存在体验。如果我没有认出你来，那么我如何能够拥有与你相遇的体验呢？这听上去很简单，也很正确。这难道不是一种事实吗？也就是说，如果我没有根据我的记忆、我的条件背景、我的偏见来做出反应的话，那么我如何能够知道我已经拥有了一种体验呢？

尔后便会设想出各种各样的欲望。我渴望被保护，渴望获得内在的安全感，或者我渴望拥有一位主、一位上师、一位老师、一位神。我体验了我所设想的，也就是说，我设想出了一种以某个形式表现出来的欲望，我对这种欲望予以命名并做出反应。它便是我的设想，它便是我的命名。这种给予了我某种体验的渴望使我说，"我已经体验过了"，"我已经遇到了主"或者"我还没有与主相遇"。欲望便是你所称为的体验，不是吗？

当我渴望心灵的安宁时将会发生些什么呢？出于各种原因，我懂得了拥有一颗安宁心灵的重要性，因为《奥义书》如是说，宗教典籍如是说，圣人如是说。而且我自己偶尔也会感觉到安宁是一种多么美妙的感受，因为我的心灵终日都充满了扰攘喧嚣。我经常会感到拥有一颗安宁的心灵是多么美好和愉悦，这种渴望便是去体验宁静。我想要拥有安宁的心灵，于是我问道："我怎样才能够实现心灵的宁静呢？"我知道这本书或那本书所谈到的有关冥想的问题，还有各种形式的自制，因此我试图通过自制去体验宁静。所以自我、"我"在对宁静的体验中确立起了自身。

我想认识真理是什么，这是我的渴望、我的憧憬，紧随而来的便是我对我所认为的真理的设想，因为我已经阅读过大量有关真理的书籍，听过许多人对于它的谈论，各类宗教典籍也对它予以过描述。这便是我所想要的。那么会发生些什么呢？这种渴望被设想了出来，我体验了，因为我意识到了那种被设想的状态。假如我没有觉察到该状态，那么我便不会认为它是真实的。我意识到了它，我体验了它，这种体验赋予了自我、"我"以力量，不是吗？因此自我在这种体验中得到了保护和确立。尔后你说："我知道"，"主是存在着的"，"神是存在着的"或者"神并不存在"。你声称某种政治制度是正确的，其他的则为谬误。所以体验总是对"我"的强化。你在你的体验里所受的保护越多，自我所得到的强化也就越多。结果，你拥有了某种性格的力量、知识的力量、信仰的力量，你将这种力量展示给其他人，因为你知道他们不如你聪明，因为你拥有写作或演讲的天赋，你灵巧、聪慧。由于自我仍然在运作着，所以你的信仰、你的主、你的阶级、你的经济体系全都是一种隔离的过程，于是它们也就带来了争斗。假如你是极为严肃而认真地对待该问题的话，那么你就必须要彻底解决这一核心问题，不要为其辩护。这便是为什么我们必须得了解体验的过程。

心灵、自我有可能不去设想、不去渴望和体验吗？我们发觉，所有的自我体验都是一种否定、一种破坏，然而我们却将其称为积极正面的行动，不是吗？这便是我们所谓的积极的生活方式。对你而言，清除这整个过程便是否定。这么做对吗？我们、作为个体的你和我，能否探明自我的根源并且理解其全部过程呢？是什么导致了自我的解体呢？宗教以及其他的群体提供了认同，不是吗？"使你自己融进群体之中，自我便消失了。"这就是他们所说的。但显然认同依旧是自我的过程，群体只是"我"以及我的体验的投射，而这种体验是对"我"的强化。

所有形式的教义、信仰和知识，显然都只是对自我的强化。我们能否找到一种将会消解自我的元素呢？又或者这么问压根就是错误的呢？我们想去找到某种能够消解"我"的事物，不是吗？我们认为存在着各种各样的方法，比如阐释、信仰等等。可是所有这些都处于相同的层面，其中一个并不比另一个高级，因为它们在对自我、对"我"的强化上力量均等。所以，无论这个"我"是在何处活动，我是否都能够体察到它呢？是否都能够看到它那破坏性的力量与能量呢？无论我把它叫作什么，它都是一种隔离的力量、一种破坏的力量，我想去寻找到一个消解它的方法。你必定曾经问过自己这个问题——"我一直都看到了'我'的运作，它总是给我自己以及我周遭的所有人带来焦虑、恐惧、挫败、绝望和苦难。这种自我有可能被彻底地而非局部地消解吗？"我们能否探明自我的根源并且将其摧毁呢？这才是真正能发挥作用的唯一方式，不是吗？我不希望我的才智只是局部性的，而希望它是全部的、完整的。我们大多数人都只是在某些层面上具有才智，你或许是在这一方面聪慧，而我则是在其他方面。你们中的一些人在商场上挥洒自如，另一些人则在实验室里如鱼得水，诸如此类；人们的才智体现在不同的方面，但并不是在所有的领域都聪慧。想要拥有完满的智慧，意味着要没有自我，这可能吗？

自我有可能完全缺席吗？你知道这是可能的。必要的因素和要求是什么呢？消解自我的元素究竟是什么呢？我们能够找到它吗？当我提出了"我们能够找到它吗"这一问题时，显然我相信是能够的，这意味着说我已经制造出了一种自我将要被强化的体验，不是吗？想要认识自我，需要拥有很多的智慧和高度的机敏，需要不停地观察，以便它不会溜走。在我说"我想要消解自我"的那一刻，还是有自我的体验存在其间，所以自我便得到了强化。那么如何才能够不去体验自我呢？人们可以看到，创造的状态绝不是对自我的体验。当自我缺席时，创造才会出现，因为创造不是智识性的，不是自我设想，而是一种超越了所有经验的事物。所以，心灵能否在一种没有意识、没有体验的状态中，能否在一种自我缺席、因而有创造发生的状态中实现彻底的静寂呢？这便是问题的关键，不是吗？心灵的任何运动，无论是积极的还是消极的，实际上都是一种对"我"进行强化的体验。心灵有可能不去意识吗？只有当彻底的静寂存在时，这种情形才能发生，所谓彻底的静寂，并不是对自我的体验，因而也就不会使自我得以强化。

远离自我、观察着自我并消解自我的实体是否存在呢？取代自我、消解自我、将自我搁置一旁的精神实体是否存在呢？我们认为这样的实体是存在的，不是吗？大多数的宗教人士都认为存在着这样的一种实体。唯物主义者说："自我不可能被消灭，它能够被限定和抑制，我们可以在某种范式内牢牢地控制住它，我们可以打破它。因此它能够被导向一种高等的生活，一种有道德的生活，不去妨碍任何事物，而是去遵循社会的范式，仅仅如一部机器那样发挥作用。"还有其他一些人，所谓的宗教人士——他们并非是真的虔诚，尽管我们这么称呼他们——他们说道："从根本上来说，存在着这样一种元素。如果我们能够与其发生关联的话，那么它就将会消解自我。"

存在着这样一种消解自我的元素吗？请看一看我们当下的所作所为吧。我们正把自我逼进了一个角落里，如果你允许自己被逼到角落里去的话，你会看到将发生些什么。我们乐意存在着一种永恒的元素，我们希望，它不是从属于自我，而是会调解和破坏自我——我们将其称为神。

所以，你设想有某种精神实体在永恒的状态中持续地存在着，你拥有了一种体验，而这种体验只是强化了自我，所以你做了些什么呢？你并没有真正地破坏自我，而只是给了它另一个不同的名称和特性罢了。自我仍然存在着，因为你体验过它了。所以我们的行动从头至尾都是相同的，只是我们以为它发展了、生长了、变得愈来愈美丽了。但如果你从内部观察的话，会发觉所进行的是同样的运动，同样的"我"以不同的标签、不同的名字在不同的层面上运作着。

当你明白了这整个的过程，明白了自我的智能，明白了它是如何通过阐释、美德、经验、信仰和知识来掩盖起自己的；当你懂得了心灵在它自己所铸造的笼子和路径里运动着，那么会发生些什么呢？当你不是通过强迫，不是出于恐惧，不是基于任何报酬而彻底察觉到了它时，难道你不会格外的宁静吗？当你意识到心灵的每个运动都仅仅是一种强化自我的形式时，当你观察它、发现它时，当你在行动中完全意识到了它时，当你接近了要义时——不是理论上或口头上的，不是经由被设想的体验，而是当你真正地处于那一状态时——尔后你便会发现，绝对静寂的心灵不具有创造的力量。心灵所创造的任何事物都是在自我之域里，都局限于这个轨道之中。当心灵不去创造时，创造才会出现，这不是一种可以被意识到的过程。

真实、真理，不会被认出。因为真理将要来临，信仰、知识、经验、对美德的追求——所有这些则都必定会离去。有意识地去追求美德的德行之人，是永远无法寻觅到真理的。他可能是一个非常正派的人，但那与一个真诚、认识了自我的人还是迥然不同的。对于一个真诚的人而言，真理已经形成了。一个有德行的人是正直之人，而一个正直之人永远无法理解真理是什么，原因是美德于他而言便是对自我的掩盖、对自我的强化，因为他有意识地去追求美德。当他说"我必须没有贪恋"时，他所体验的没有贪恋的状态只是强化了自我。这便是为什么在物质世界以及知识和信仰的领域里保持清贫是如此的重要了。一个在世俗世界里十分富裕的人，或者一个在知识和信仰的领域里极为富有之人，除了黑暗之外将一无所知，同时也会成为所有苦难和悲伤的中心。但如果作为个体的你和我能够懂得自我的整个运作过程，那么我们就将知道什么是爱了。我向你保证，这是唯一能够令世界有所改变的革新。爱不属于自我，自我无法觉察到爱。你说"我爱"，但就在你这么说的时候，就在你体验它的时候，爱却是缺席的。但是当你懂得了爱的真谛时，自我便会消失无踪了。当爱存在时，自我就会消失不见。

9. 如何摆脱恐惧

什么是恐惧？恐惧只会存在于同某物的联系之中，而不会存在于孤立的状态里。我如何会害怕死亡，我如何会害怕我所不知道的事物呢？我只会对已知的事物产生恐惧。当我说我害怕死亡时，我是真的对死亡这一我未知之事感到恐惧呢，还是害怕失去我所已知的事呢？我所恐惧的并不是死亡，而是害怕失去与我的那些拥有物之间的联系。我的恐惧总是与已知的事物有关，而非未知的事物。

我的疑问是，怎样才能摆脱对已知事物的恐惧呢？也就是说，怎样才能摆脱对失去我的家庭、地位、名誉、银行账户和欲望的恐惧呢？你可能会说恐惧源于良知，然而你的良知是基于你的条件和背景而形成的，因此良知仍然是已知事物的产物。我所知道的是些什么呢？知识便是对事物怀有观念或看法，在与已知的关系中感到某种持续性。理念是记忆，是对挑战予以反应的体验的结果。我对已知事物感到恐惧，意味着我害怕失去人、物或观念，害怕去发现我是谁，害怕失败，害怕当我失去、当我不再有所获或不再有乐趣时将会出现的那种痛苦。

存在着对痛苦的恐惧。肉体的痛苦是一种神经的反应，然而当我执著于那些让我感到满意的事物时，心理的痛苦便会出现，因为我害怕任何人或事将它们从我身边夺走。只要未被干扰，心理上的累积便防止了心理上的痛苦。我背负着各种累积与经验，这些积累和经验防止了任何形式的严重干扰——我不希望被干扰，所以我害怕任何人来扰乱它们。

因此我的恐惧是对已知事物的恐惧。我害怕那些作为躲避痛苦或防止悲伤的方法而进行的物质上的累积或心理上的累积。然而悲伤就存在于这种为了躲避心理上的痛苦而去进行累积的过程之中。知识也有助于去阻挡痛苦，就像医学知识有助于阻挡肉体的痛苦一样，信仰也能帮助人们去防止心理上的痛苦，这便是为什么我会害怕失去自己的信仰，尽管我并不具备所有的知识，也拿不出确凿的证据去证明该信仰的真实性。我或许可以拒绝那些被强制性地灌输给我的传统信仰，因为我自己的经验给予了我力量、自信以及理解力。然而我所获得的这些信仰和知识从本质上来说都是相同的——都不过是一种躲避痛苦的手段罢了。

只要有已知事物的累积，恐惧便会存在。因为正是这种累积制造出了对失去的恐惧。所以对未知事物的恐惧，实际上便是害怕失去所累积的已知事物。在我说"我不能失去"的那一刻，便有了恐惧存在。虽然我累积的意图是为了躲避痛苦，但痛苦却是固有地存在于累积的过程之中的。

防卫的种子带来了冒犯。我渴望获得身体上的安全感，因此我创造了君主制政府，这种体制使武装军备成为必需，而军备便意味着战争，战争则又会摧毁安全感。只要有自我保护的欲望，恐惧便会存在。当我明白了对安全感的欲望是多么的荒谬时，我便不会再去进行累积了。假如你说自己虽然已经懂得了这一点但却情不自禁地去继续累积，那是因为你还没有真正懂得其中的真义，还没懂得痛苦是固有地存在于累积的过程之中的。

恐惧存在于累积的过程之中，信仰某物则是累积的一部分。我的儿子过世了，我相信轮回转世说，因为它能减轻我心理上的痛苦，然而疑问却正存在于这种相信的过程之中。我在外部累积事物，于是引发战争；我在内部累积信仰，于是导致痛苦。只要我想获得安全感，想拥有银行账户，想得到愉悦，诸如此类，只要我想要功成名就，那么就必然会有肉体上或心理上的痛苦。正是我为了躲避痛苦所做的那些事情，给我带来了恐惧和痛苦。

当我渴望处于某种特定的模式之中时，恐惧便会形成。没有恐惧地生活，意味着不受任何特定模式的束缚去生活。当我要求某种特定的生活方式时，这本身便会成为恐惧的根源。我的困难在于我渴望在某种框架下去生活。我不能够去打破这一框架吗？只有当我懂得了这一真理——即框架导致了恐惧，而这种恐惧又反过来使得框架得到了强化——我才能够做到不为任何框架所羁绊而自由地生活。假如我说我必须要打破框架，因为我想要摆脱恐惧，那么我便只是遵循了另一种模式，而这种模式会带来进一步的恐惧。对我而言，任何基于打破框架的欲望而采取的行动，都只是制造出了另一种模式，于是也就产生出了新的恐惧。我将如何在不制造出恐惧的情形下，即不采取任何与之相关的有意识或无意识的行动去打破框架呢？这意味着我不应该采取行动去打破框架。当我只是简单地察看着框架而不去对它做任何事情时，在我身上会发生些什么呢？我发现心灵本身便是一种框架，它存在于一种它为自身所创造出来的习惯性的模式之中，所以心灵本身便是恐惧。心灵所做的任何事情，都只是去强化旧有的模式或者促进一种新的模式形成。这意味着心灵为了摆脱恐惧而做的任何事情都会滋生出恐惧。

恐惧找到了各种各样的逃避方式，普遍的方式便是认同——与国家、与社会、与某种理念相关联、相认同，不是吗？你难道没有注意到，当你看到一列队伍，军人的队伍或是宗教团体的队伍时，或者当国家处于被侵略的危险时，你会有何反应吗？你使自己依附于某个国家或某种意识形态。有时候你与自己的妻子、孩子或者某种特定的行动模式相认同。认同是一种遗忘自我的过程。只要我意识到了"我"，我便知道将会存在着痛苦、奋斗和无休止的恐惧。但如果我能够使自己与更为伟大的事物、真正值得的事物，与美、生命、真理、信仰和知识相认同的话，哪怕只是暂时性的，那么便可以逃避自我了，难道不是这样吗？倘若我谈到"我的国家"，那么我就会暂时地忘却我自己，不是吗？倘若我能够谈论神，我就会忘却我自己。如果我能够使自己同我的家庭、同某个群体、某个特定的政党、某种意识形态相关联、相认同，那么便有了暂时的逃避之处了。

因此认同是一种逃避自我的形式，正如德行是一种逃避自我的形式一样。一个追求德行的人逃避了自我，他所拥有的是一颗狭隘的而非有德行的心灵，因为美德是一种无法被追求的事物。你越试图去成为有德行的人，你就给予了自我、"我"越多的力量。以不同的形式普遍存在于多数人身上的恐惧，必定总是会找到一种替代品，因而必然会增加你的奋斗。你越是与一种替代品相认同，你就会花费越多的力气去执著于这个你准备为之奋斗的事物，因为恐惧就潜藏在它的后面。

我们知道什么是恐惧吗？它难道不是拒绝接受自我的本来面目吗？我们必须要理解"接受"一词。我所谓的"接受"，不是指接受的努力。当我没有清楚地明白自我是什么时，我就进入了接受的过程中。所以恐惧便是拒绝接受真实的自我。背负着所有这些反应、回应、记忆、希望、失望和挫败的我，作为有意识的运动之结果的我，如何能够实现超越呢？

没有这种妨碍和阻挡，心灵能否实现觉知呢？我们知道，当没有阻挡时便会有超凡的快乐。你难道不知道，当身体完全健康时便会有某种快乐和安康吗？你难道不知道，当心灵完全自由、没有一丝阻碍时，当作为意识之中心的"我"缺席时，你便会体验到某种非凡的快乐吗？当自我缺席时，你难道不会体验到这种状态吗？显然我们都有过这样的体验。

只有当我能够将自我视为一个整体来看待时，只有当我理解了脱胎于欲望的所有行为的整个过程时，才可以认识到自我并且摆脱其束缚获得自由。欲望其实正是思想的表达——因为思想与欲望是相同的。假如我能够理解这一点的话，我就会知道是否有可能去超越自我的局限了。

10. 内心的简单

　　我想探讨一下什么是简单，或许由此可以发现何为感受力。我们似乎认为简单只是一种外在的表现，一种放弃：家徒四壁，衣着朴素，银行账户的存款少之又少。显然这并不是简单，这仅仅是一种外部的显示而已。在我看来，简单是不可或缺的。但是只有当我们开始懂得了认识自我的重要性时，简单方会出现。

　　简单并非只是调整自身去适应某种模式，它需要拥有领悟简单之道的超凡智慧，而非只是去遵照某种有价值的、外在的模式。不幸的是，我们大多数人都是从外在的简单开始的。要做到只拥有少量的物品，做到知足常乐，满意于并不多的财产或许还能将其与他人分享，这是相对容易的。然而很显然，单纯的外在的简单并不代表内心的简单。因为，在当今的世界上，我们为越来越多的外部事物所逼迫着，生活变得日益复杂起来。为了躲避这种情形，我们试图去放弃或离开各种事物——汽车、房子、组织、电影院以及其他无数逼迫着我们的外部环境。我们以为通过退避便能够实现简单，许多圣人和导师都对这个喧嚣的世界采取了退避的姿态。在我看来，对我们任何人而言，这样的一种退避或放弃并不能解决问题。根本的、真正的简单，只能够是内在的，然后才能有所谓外的简单。那么接下来的问题便是怎样才能够实现简单，简单将使得一个人越来越富有感受力，而一个具有感受力的心灵是不可或缺的，因为它能够迅捷地感知和接受事物。

显然，只有当一个人理解了那些将其捆绑住的无数障碍、依附和恐惧时，他才能够实现内心的简单。然而我们大多数人却喜欢被捆绑住——被人、被财产、被理念捆绑住。我们喜欢当囚徒，我们是心灵上的囚徒。尽管从外部来看我们似乎十分简单，然而从内在来看，我们是我们自身那无数的欲望、期盼、理念以及动机的囚徒。只有当一个人的内心完全自由时，他才能够寻找到简单。所以简单必须要从内在做起，而非从外部着手。

　　当一个人懂得了信仰的全部过程，懂得了心灵为何会依附于某种信仰，他才会得到超凡的自由。当摆脱了各种信仰的束缚获得自由时，简单便会出现。然而这种简单要求智慧，而要做到明智，一个人就必须得意识到自己的障碍，要意识到障碍，他就得时时留神，不让自己被任何特殊的思想和行为的模式所束缚。因为一个人的内在行为会影响到外部世界，社会或任何形式的行为都是我们自身的投射。假如没有内在的转化，单纯的外在的立法将是毫无意义的，尽管它带来了某种变革、某种修正，但内在的转化总是会战胜外部的转化。如果一个人内心贪婪、野心勃勃、执著于某些理念，那么这种内心的复杂最终会颠覆和推翻外部社会。

　　所以一个人必须要从内在开始着手——不是排他性的，不是抵制外部世界。显然，通过理解外部世界，通过探明冲突、斗争和痛苦是如何存在于外部世界的，你将会逐步深入到内在。因为一个人探究得越多，他便自然地会触及制造了这些外部的冲突和苦难的心理状态了。外部的表现只是我们内心状态的反映，然而一个人必须经由外部世界才能去认识内心状态。我们大多数人正是这么做的。在认识内部世界的过程中——

不是排他性的，不是对外部世界予以抵制，而是通过理解外部世界，进而深入到你的内心——我们将会发觉，随着我们着手去探究内在的复杂性，我们将会变得越来越富有感受力、越来越自由。这种内心的简单是不可或缺的，因为简单创造了感受力。一个缺乏感受力、机敏性和觉知的心灵，将无法具有任何的接纳能力和创造性。人们往往习惯于把遵从当作一种使我们自身变得简单的方式，殊不知实际上这样反而会令我们的心灵和头脑变得迟钝与麻木。由政府、自身、理想化的范式等所施加的任何形式的专制性的强迫——任何形式的遵从，都必然会引向迟钝，因为这并不是一种源于内心的简单。你可以做到表面上遵从简单的生活原则，就像许多宗教人士所做的那样：他们恪守各种戒律，参加各种组织，用某种特殊的方式来冥想，诸如此类——所有这些都做到了表面上的简单，然而这样的遵从并没有通往简单。任何形式的强迫永远都无法实现真正的简单。相反，你越是压抑，越是努力使自己净化，简单就会越少；反之，你越是了解了净化、压抑的过程，你实现简单的可能性就会越大。

我们在社会、环境、政治和宗教等诸多领域的难题是如此复杂，以至于我们只能通过变得简单而非变得博学多闻或聪慧无比来解决这些问题。一个简单的人会比一个复杂的人看待问题直接许多，而且也拥有更为直接的体验。我们的头脑中塞满了无数有关事实的知识，塞满了他人的言论，以至于我们无法变得简单起来，无法拥有直接的体验。这些难题要求一种新的解决途径。只有当我们的内心真正做到了简单时，问题才能够被解决。实现简单的唯一方式便是认识自我，了解我们自己，懂得我们的思想和情感的方式，我们思想的运动，我们的反应，我们是如何出于恐惧而去顺从公众的舆论，顺从其他人所说的话，顺从佛陀、基督以及圣人之言——所有这些都揭示出我们具有一种顺从、渴望安全感的本性。当一个人寻觅着安全感时，他就显然处于一种恐惧的状态之中，因而也就没有所谓的简单可言了。

不做到简单，一个人就无法拥有对花草树木、飞鸟走兽，对山峦丘陵、风霜雨露，对我们周围所有事物的感受力。假如一个人没有实现简单，那么他就无法富有感受力地洞察出事物的内在含义。我们大多数人都肤浅地生活于意识的表层，我们试图有思想或有智慧，这与虔诚是同义的；我们试图通过强迫和自制而使心灵变得简单起来，然而这并不是真正的简单。当我们强迫心灵做到简单时，这种强制只会让心灵变得坚硬，而不是变得柔韧、清晰和机敏。要想实现整体的简单，我们的整个意识过程将会是极为艰难的。因为必须要没有一丝一毫的保留，必须要有去探明我们的存在过程的热切渴望，这意味着要觉察到每一个暗示，要觉察到我们的恐惧和希望，并且对它们展开探究，从而逐渐摆脱其束缚。只有当思想与心灵都真正地进入了简单之境时，我们才能够去解决所面临的诸多难题。

知识不会解决我们的问题。例如，你可能知道存在着轮回转世说，即生命体死后仍然会继续存在。你"可能"知道，我没有说你必然知道；又或者你可能对该观点深信不疑。但是这并没有能够解决问题，你无法用你的理论、知识或深信而将死亡这一问题搁置到一边。死亡是比所有这些理论都更为神秘和深刻的事物。

一个人或许有能力去把所有这些事情重新探究一番。因为，只有通过直接的体验，我们的问题才能被解决，而要拥有直接的体验，就必须得做到简单，这意味着必须要有感受力。我们的心灵充斥着有关过去和未来的各种信息，它为各种知识所累而逐渐变得迟钝起来。只有当心灵能够调整自身去着眼于当下，着眼于每时每刻，它才能够承受环境不断施加在我们身上的强大影响和压力。

所以，假如一个人身披长袍，一天只吃一顿饭，或者起了无数的誓言，声称自己"要这样、不要那样"，这并不代表他就是一个虔诚之人。只有内心简单、无所欲求的人才是真正的虔敬。只有这样的心灵才具有超凡的接受力，因为它已经无所碍、无所惧、无所求，因此才有能力去接纳尊贵、高雅、神和真理。一个追逐现实的心灵并不是一个简单的心灵；一个想要有所获得，一个不断地探究、摸索，一个处于不安和焦虑之中的心灵，并不是一个简单的心灵。当心灵顺从于某种权威模式时，无论是内在的还是外在的，它就不可能拥有感受力。只有当心灵真正地拥有了感受力和机敏，意识到了自身所发生的一切、意识到了反应和思想，只有当它不再不停地想要变成怎样，不再把自己塑造成某种样子——只有在这时，它才有能力去接纳真理。只有在这时，才会有幸福，因为幸福不是一个目标——它是现实的结果。当思想与心灵变得简单因而具有感受力——不是通过任何形式的强制、引导或强加——我们才会发现我们的诸多问题能够被简单地解决。无论我们的问题多么复杂，我们都可以用新鲜的方法来解决它们，用不同的视角来审视它们。当前我们所需要的是这样一种人：他们不会去套用所谓的"左"倾或右倾的各种理论和准则，能够凭借一颗富有创造力、深谙简单之道的心灵去重新审视我们周遭的混乱、骚动和敌对。假如你没有实现内心的简单，那么你便无法重新审视所有这些问题。

只有当我们接近了一个问题时，我们才有可能去解决它。而如果我们按照某种思想的、宗教的、政治的或其他的模式来思考的话，我们就无法去接近该问题了。因此我们必须要从所有这些事物中摆脱出来，进入简单之境。这便是为什么拥有觉知的能力，能够去了解我们自己的思想过程，完全地认识自我是如此重要了。因为只有这样，我们才可以做到简单和谦逊，谦逊不是一种美德或实践，经由努力而取得的谦逊不再是谦逊。一个使自身变得谦逊的心灵也不再是一个谦逊之心。只有当一个人拥有了一种不是被培养出来的谦逊时，他才能够面对生活中那些紧迫而真切的事物，因为那时他自身已不再重要，他不会去审视自己的各种压力和重要感，而只会去看待问题本身，尔后便能够将其解决了。

11. 意识的形成

认识自我，意味着要认识我们同世界的关系——不仅是我们与理念的世界、与人的世界的关系，而且还有我们与自然，与我们的拥有物之间的关系。也就是说，要认识我们的生命——个体的生命与外在的整体世界的关系。认识这一关系，是否要求必须具有专业化的知识和技能呢？显然并非如此。所要求的，只是要具有把生活作为一个整体来对待的意识。

那么一个人如何才能够具有这种意识呢？我们如何才能够觉察到一切事物呢？你怎样认识到与某个人的关系？你怎样去察觉到花鸟树木的存在？当你阅读一份报纸的时候，你如何察觉到你自己的反应呢？我们是否意识到了心灵的表层以及深层的反应？我们如何察觉到一切呢？首先，我们是有意识的，不是吗？我们意识到自己对某个刺激会有所反应，这是显而易见的事实。我看到某个美丽的事物，然后会产生某种反应，接着便有感觉、接触、分别以及欲望。这便是通常的过程，不是吗？我们能够观察到切实发生的事情而无需去研究任何的书籍。

因此，由于分别，你便怀有了愉悦和痛苦。而我们的"能力"便是这种对愉悦的关注和对痛苦的躲避，不是吗？如果你对某物生发出了兴趣，如果它带给了你愉悦，那么你就会立即有了这种"能力"，就会立即有了对这一事实的意识；如果它是痛苦的，那么这种"能力"就会被发展起来去避免该事物。假若我们指望着凭借这种"能力"来认识自我的话，我认为我们将会以失败告终。因为对自我的认识并不依靠于能力，它不是你经由时间和不断的磨炼所发展、培养和增进的一门技术。显然，这种自我的意识能够在关系的行动中得到检验，能够在我们的言行举止中得到检验。观察你自己，不带任何的评判、比较或谴责，就只是观察，你将发现会有某种超凡的事物出现。你不仅终结了一种无意识的行为——因为我们的大多数行为都是无意识的——你不但结束了那种行为，而且，更进一步的，你意识到了该行为的动机，而无需探究或深研。

当你具有觉知能力的时候，你会看到自己思想和行为的整个过程；然而只有在你不进行谴责时才会发生上述情形。当我责难某物时，我不会去了解它，谴责是躲避认知的方式之一。我认为大多数人都是有目的那样做的，通常我们都立即予以责难，觉得自己已经了解了。如果我们不是以谴责的姿态而是用尊敬的目光来看待该事物的话，那么这一行为的内容和意义便会由此得以展开。你不妨试验一下，尔后你将会凭借自己的力量去领会到这一点的。做到觉知——不带任何的辩解——这或许看起来相当消极，但却并不是消极。相反，它是一种貌似被动的主动，它具有直接行动的特质。你会发现这一点的，假如你以此做个试验的话。

倘若你想了解某个事物，你就必须要抱持着一种被动的心态，难道不是吗？你不能够不断去考虑、推测或质询它。你必须要具有足够的感受力，以便去接受该事物的含义，这就犹如一个易感光的照相板。如果我想要了解你，我就得保持一种被动的觉知，尔后你才会开始将自己的故事向我全盘托出。显然这并不是一个能力或者专业化的问题。在这一过程中，我们开始认识自己——不仅认识了我们意识的表层，而且还认识了意识的更深层面，而这种更深的层面也是更为重要的，因为那里有我们全部的动机和意图，有我们那些暗藏着的、混乱的需求、焦虑、恐惧和欲望。从外在来看，我们似乎将它们掌控得很好，然而在我们的内心深处它们却在沸腾着、燃烧着。除非我们已经通过意识完全地理解了它们，否则显然不可能会有自由，不可能会有幸福，也不会有智慧。

智识是一种专业化的事物吗？——智识是我们存在的全部意识。这种智能需要通过某种专业化的形式来予以培养吗？因为现实情形便是如此，不是吗？牧师、医生、工程师、实业家、商人、教授——我们拥有所有这些专业化的智能。

我们以为必须要使自己成为专家，方能意识到智能的最高形式——即无法被描绘的真理和神。我们学习、摸索、探寻，或者是以专家的智力，或者指望于专家，我们研究自身，目的是想发展某种有助于化解我们冲突和苦难的能力。

我们的问题在于，假如我们做到了彻底的觉知，那么是否我们日常经验里的各种冲突、苦难和悲哀便能够由他人来解决呢？倘若不能，那么我们有可能自己去解决吗？要想认识某个问题，显然需要一定的智识，而这种智识是无法通过专业知识的培训来获得的。只有当我们被动地意识到了我们自身觉知的整个过程，也就是在没有进行所谓是非对错选择的情形之下去认识自我，这种智识方能出现。当你处于被动地觉知时，你会在这种被动之外发现——这里所说的被动，并非懒散，而是极度的机敏——问题有了截然不同的意义。这意味着不再有对问题的鉴定，因而也就没有了评判，于是问题开始显现出自身的含义。假如你可以持续不断地这么做的话，那么每个问题便都能够从根本上而非表面上得到解决了。这也正是困难所在，因为我们大多数人都无法做到被动地觉知，去让问题自身向我们展示其内含，而不是我们主动地去对问题进行阐释。我们不知道如何避免带有个人主观色彩、冷静地去看待一个问题。非常不幸，我们无法做到这一点，因为我们想要得到问题的结果，渴望能有一个答案；或者我们试图根据自己的愉悦或痛苦来对问题进行解释；或者我们已经有了关于如何应对问题的答案了。所以我们习惯于用旧有的模式来解决新问题。挑战总是新的，但我们的回应却是旧的。我们的困难在于要去充分地迎接挑战。问题总是与关系有关的问题——与物、与人或者与观念的关系，没有其他的问题。想要应对有关关系的问题以及关系所蕴含的不断变化着的要求——想要正确地、充分地应对问题——一个人就必须得做到被动地觉知。

这种被动不是关乎意志或自制力坚决与否，首先要做的，是要察觉到我们不是被动的。要意识到我们想要获得问题的答案——这显然是首先需要做到的：认识我们自身与该问题的关系以及我们如何去应对它。尔后，当我们开始了解了自身同问题的关系——我们是如何反应的，我们在面对问题时各自的偏见、需要和追求是什么——这种意识将会揭示出我们自身的思想过程以及我们的内在本质。

显然，重要的是不带有选择性的觉知，因为选择会导致冲突。选择者处于混乱之中，所以他才会进行选择；假如他没有混乱不清，那么也就不会有所谓的选择了。只有困惑之人才会去选择自己该做什么、不该做什么。一个头脑清楚、内心简单的人是不会去选择的，是便是是，非即是非。基于某个观念之上的行为显然是一种有选择的行为，而这种行为并不是解放性的，相反，它只会根据被限定的思想而制造出进一步的抵制和冲突。

因此，重要的是每时每刻都要做到觉知，做到有意识，不要去累积意识所带来的经验。因为，在你进行累积的时刻，你只是依据这一累积、这一模式、这一经验才拥有了意识。也就是说，你的意识是由你的累积所限定的，因而也就不再有观察，而仅有解释。有解释，便会有选择，选择会制造出冲突，而冲突中是不可能有理解的。

　　我们的生命便是一个有关关系的问题，想认识这种并非静止不动的关系，必须要有一种意识，这种意识得具有适应能力，得是一种机敏的被动，而非积极的主动。正如我所说的那样，这种被动的觉知不会由任何形式的训练或实践获得。每时每刻都要觉察到我们的思想和情感，不只是当我们清醒着的时候。随着更为深入的探究，我们将会发觉，我们开始做起梦来，开始制造出我们将其解释为梦的各种象征。于是我们便开启了进入潜藏之域的大门，这片领域变成了已知。然而想要发现未知，我们就必须得越过那扇门——显然，这也正是我们的困难所在。实在不是通过心智便能获知的事物，因为心智是已知、是过去的产物。所以心灵必须要认识自身，认识其作用和真实状态，只有在那时，未知才可能被探明。

12. 什么是欲望

对于我们大多数人而言，欲望是一个相当大的难题：渴望拥有财富、地位、权力和舒适，渴望获得重要性和持续性，渴望被爱，渴望拥有某种永恒的、令人满足的、持久的事物、某种超越了时间局限的事物。那么，什么是欲望呢？这种逼迫、驱使着我们的东西究竟是什么呢？我并不是在建议说我们应当满足于自己所拥有的或者自身的现状。我们试图去探明欲望是什么，假若我们能够试验性地、审慎地对其予以探究的话，我认为我们将会带来一种转变，这种转变并不只是单纯地用一个欲望的对象来替代另一个欲望的对象。这是我们普遍意义上所谓的"转变"，不是吗？由于对某个欲望的对象感到不满意，于是我们会找到一个替代物。我们不停地从一个渴望之物转换到另一个我们以为会更为高级、尊贵和优雅的渴望之物。然而，无论多么精致、优雅，欲望依然只是欲望，而在这种欲望的活动中，将会有无休止的与对立物之间的争斗和冲突。

因此，探明什么是欲望以及它是否能够被转化，难道不是十分重要的吗？什么是欲望呢？它难道不是某种符号及其感觉吗？欲望是对它所要获得之物的感觉。是否存在着不带有符号及其感觉的欲望呢？显然没有。这个符号可能是一幅图画、一个人、一个词语、一个名称、一个形象或者一个理念，它给予我一种感觉，这种感觉使我觉得我喜欢它或不喜欢它。假如感觉是愉悦的，那么我就想要获得、拥有和坚持，并且继续那种愉悦。我不时地根据自己的倾向及其强烈程度来改变那一图画、形象和物体。我对某种愉悦的形式感到了厌烦、疲惫和枯燥，于是我便去寻找一种新的感觉、新的理念和新的符号。我抛弃了旧的感觉，接纳了新的感觉以及与之相伴的新的词语、新的意义和新的体验。我抵制了旧的，屈服于新的，我以为新的要比旧的更高等、更尊贵、更令人满意。所以在欲望中存在着抵制以及含有诱惑的屈服，自然，当你屈服于某种欲望的符号，你的内心必然也会有对挫败的恐惧。

假如我观察自身欲望的整个过程，我将发现总是会有一个目标，一个我的心灵为了进一步的感觉而被指向的目标，将发现在这一过程中有着抗拒、诱惑和自制。存在着感知、感觉、接触和渴望，在这一过程中，心灵变成了一个机械化的仪器，符号、语词、目标成为中心，所有的欲望、追逐和野心都是围绕着这一中心建立起来的，这一中心便是"我"。我能够消解这一欲望的中心吗？——不是某个特定的欲望、某个特定的欲求或期盼，而是欲望、欲求和希冀的全部结构。而在其间总是有着对挫败的恐惧，我越是感到挫败，我就给予了"我"越多的力量。只要存在着希望，就总是会有恐惧做背景，而这又再一次强化了该中心。只有在这一中心，变革才有可能，而非停留于表面，后者只是一种令思想无法集中的过程，一种将会导向有害行为的表层的变化。

当我意识到了这一渴望的整个结构时，我便懂得了我的心灵是如何变成了一个死气沉沉的中心，一个机械的记忆的过程。由于厌倦了一种欲望，于是我不由自主地想用另一种欲望来使自己得到满足。我的心灵总是依据感觉在体验着，它是感觉的仪器。因为厌倦了某种特定的感觉，所以我寻觅着一种新的感觉，我可能将其称作为对神的觉知，然而它仍然只是感觉。我对这个世界及其痛苦感到无比地厌烦，我渴望安宁，那种永恒的安宁。因此我冥想，我克制，我塑造自己的心灵以便去体验那种安宁。对这种安宁的体验仍然是一种感觉，所以我的心灵是感觉和记忆的机械化的仪器，是我行动与思考的一个毫无生机的中心。我所追逐的目标都只是心灵的投射罢了。"神""爱""共产主义""民主政治""国家主义"——这些词语全都是向心灵提供感觉的符号，因而心灵便会依附于它们。正如你我所知道的那样，每种感觉都会结束，所以我们从一种感觉转移到另一种感觉，每种感觉都强化了寻找进一步的感觉这一习性。因此心灵变成了单纯的感觉和记忆的仪器，而我们则被束缚在了这一过程之中。只要心灵寻觅着进一步的体验，那么它就只能够根据感觉来进行思考。任何可能是自发的、创造性的、有生机的、崭新的体验，都会立即降为了感觉，这种感觉如影随形，尔后感觉就会变为记忆。所以体验是僵死的，心灵也只是一个充满了过去记忆的蓄水池。

倘若我们彻底深入地去探究，我们将会熟悉这一过程，我们似乎无法超越。我们想去超越，因为厌倦了这一无休止的固定程序，这种对感觉的机械化的追逐，所以心灵构建了真理、神等理念。它梦想着某种重大的变化，梦想着在该变化中扮演重要的角色，诸如此类，因此永远不会有一种富有创造力的状态。我在自己的身上看到了渴望的过程正在运作着，它是机械化的、重复性的，将心灵困在了一个固定程序里，使心灵成了一个关于过去的毫无生机的中心，其间没有富有创造力的自发性。同样也还存在着一些突然发生的创造性的时刻，这些时刻无关于心灵，无关于记忆，无关于感觉或欲望。

所以，我们的问题在于要去认识欲望——不是欲望将会走多远又或者它会在哪儿终结，而是要懂得渴求、愿望、燃烧的欲念的整个过程。我们大多数人以为甘受清贫便代表着摆脱了欲望的束缚——我们多么敬佩那些安于粗茶淡饭、家徒四壁的朴素日子的人们啊！省吃俭用，象征着我们想去摆脱欲望的束缚，但这又是一种极为表面化的反应。当你的心灵为无数的念想、无数的欲望、信仰和奋斗而裹足不前时，为什么要从放弃外在的财富这一表层开始做起呢？显然，变革必须从你的内心发生，而不在于你拥有多少财产、穿什么衣服或者吃多少顿饭。然而我们却被这些外在的事物所影响着，因为我们的心智容易流于表面化和肤浅化。

你我的问题，在于要去探明心灵是否能够摆脱欲望、摆脱感觉的束缚。显然，创造与感觉无关。真理、神或你所希冀的事物，不是一种能够作为感觉而被体验的状态。当你有了一种体验时，会发生什么呢？它提供给了你一种感觉，一种或兴高采烈或沮丧不安的感受。自然地，你努力去躲避、撇开那种沮丧的状态。然而如果它是一种快乐的、开心的感受，那么你则会去追逐它。你的体验带来了一种愉悦的感觉，你想要获得更多这样的感觉，而这种"更多"强化了心灵那毫无生机、一直渴望进一步体验的中心，所以心灵无法去体验任何崭新的事物，它没有能力去体验任何新事物，因为它的方法总是借助于记忆和认知，通过记忆而被认知的事物，不会是真理、创造和实相。这样的心灵无法去体验真理，它只能体验感觉，而创造不是感觉，创造是每时每刻都崭新的事物。

现在我察觉到了自己心灵的状态，我发现它是感觉和欲望的仪器，又或者它就是感觉和欲望，它被机械地束缚在了固定的程序之中。这样的心灵无法去接受或感知新鲜的事物，因为新事物必然是某种超越了感觉的事物，而感觉总是旧的。因此，这种带着其感觉的机械化过程不得不走向终结，不是吗？更多的欲求——带着特定感觉的对符号、语词、形象的追求——所有这些都不得不走向终结。只有在那时，心灵才可能处于富有创造力的状态，在这一状态下，崭新的事物才能够出现。假如你能不受语词、习惯和观念的迷惑，而懂得心灵被新事物不断撞击是多么重要，那么，也许你对于欲望的过程、他的固定程序、欲望实现之后的疲厌以及对于欲望的不断的体尝，就会有所理解了。尔后我认为你将开始明白，对于一个真正有所寻觅的人来说，欲望在其生命里是没有多少意义的。显然存在着某些生理上的需求：食物、衣服、栖息之处，但它们永远都不会成为心理上的欲望，不会成这样的事物，——在它们之上，心灵把自己建树为一个欲望的核心。在生理需求之外，任何形式的渴望——对伟大、对真理、对美德的渴望——都会成为一种心理的过程，心灵通过它构建出"我"这一理念并且在其中心强化着自身。

当你明白了这一过程，当你在不做任何反对、抵制、辩解和评判的情形下，在没有感到一丝诱惑的情形下真正察觉到了这一过程，你便会发现，心灵能够接受新鲜的事物。而这种新鲜的事物绝不是感觉，它永远无法被认知、被重新体验。它是一种存在的状态，在这一状态中，创造会到来，无需发明、无需记忆。这便是真理。

13. 关系与隔离

　　生命是一种体验，在各种关系当中去体验。一个人无法孤立地生存于世，所以生命即是关系，而关系则是行动。那么一个人怎样才能够拥有理解关系即生命的能力呢？难道关系指的不是与人的交流以及同事物和理念的亲密接触吗？生命即关系，这表现为与物、与人、与理念的联系。在对我们所身处的各类关系的认识中，我们将有能力去充分地、彻底地面对生命。因此我们的问题不在于能力——因为能力依赖于关系——而是对关系的理解，有了理解，自然会产生迅速适应、调节和反应的能力。

　　显然，关系是你发现自我的一面镜子。没有关系，你便什么也不是。存在即是与外界发生关联，有关联便是存在。你只能在关系中存在，否则你便无法生存，存在便毫无意义。不是因为你"认为"自己存在就是存在，你存在是因为你与外界有关联。正是由于缺乏对关系的认知才会导致冲突的出现。

　　我们还没有实现对关系的认知，因为我们仅仅将关系当作进一步获得、转化和变成什么的手段。然而关系却是一种发现自我的方法，因为关系即是存在。要想认识自我，我就必须得认识关系。关系是一面镜子，通过它可以看见自我。这面镜子可能会扭曲变形，我们大多数人在关系这面镜子中只看到那些我们愿意看到的事物，而没有意识到这不是真实的自我。我们宁可理想化、逃避，宁可活在未来也不愿去认识当下的关系。

　　假如我们审视一下我们自己的生活以及与他人的关系，将会发现它是一种隔离的过程。实际上我们对他人并不关心，尽管我们会大量地谈论到他人，但实际上却并无真正的关切。我们与某人发生关系，仅仅是因为该关系会提供给我们一个庇护之所，会满足我们的需求。然而当关系中存在着会让我们自身不适的混乱时，我们便会抛弃这一关系。换言之，我们只会选择那些令我们感到满足的关系。这可能听上去有些刺耳，但如果你真正近距离地审视一下自己的生活，你将发现这便是事实。躲避事实就是活在无知之中，如此一来便永远无法产生出正确的关系。假若我们审视一下自己的生活，审视一下我们所处的各种关系，会发现它是一个建立起对他人的抵制的过程。我们总是越过这堵抵制性的高墙去看待和观察他人，这堵墙或许是一面心理的墙壁、一面物质的墙壁，也可能是一面经济的墙壁或国家的墙壁，我们总是待在它的身后。只要我们活在隔离之中，活在这堵墙的背后，就不存在与他人的联系。我们之所以建起高墙把自己包围起来，是因为这种状态令人十分满足，我们以为这么做才是安全之举。世界是如此的四分五裂，充斥着无尽的忧伤、痛苦、战争、毁坏和苦难，以至于我们想要逃避这一切，活在层层的墙壁之后，获得一种心理上的安全感。所以，我们大多数人的关系实际上都是一个隔离的过程，显然，由这种关系所建构起来的，会是一个同样隔离型的社会。这便是全世界范围内正在上演的情形：你待在你的隔离区内，用手抵着这面被你称作国家主义、兄弟情义或其他名称的墙壁，然而实际上却继续着专制政府和扩军竞赛。你仍然坚持着自己的局限性，以为自己能够创造世界的统一与和平——这是痴人说梦。只要你设立了一个疆界，无论是国家的、经济的、宗教的还是社会的，那么世界上便不可能会有和平出现，这是一个显而易见的事实。

隔离的过程是一个寻求权力的过程。无论一个人所寻求的是个体的权力还是种族、国家等群体的权力，都必然会有隔离，因为对权力、地位的极度渴望本身便是分离主义。毕竟这是每一个人都想要的，不是吗？他想获得一个自己能居于主导的有权势的地位，或者是在家中，或者是在办公室里，又或者是在官僚主义的政体内。每个人都在寻求着权力，而在对权力的追逐中，他将会建立起一个以军事、工业或经济的权力为基础的社会——这又是显而易见的事实。这种对权力的欲望，其本质难道不是分隔性的吗？我认为，认识到这一点非常重要。假如某人渴望着一个没有战争、没有骇人的毁坏、没有悲惨的苦难的和平世界，那么他就必须要认识到这一基本问题，不是吗？一个心怀挚爱、个性和蔼的人对于权力是没有感觉的，因此这样的人不会为任何民族、任何旗帜所束缚，他没有立杆标榜的大旗。

不会有孤立地生存于世这样的事情存在——没有一个国家、群体或个体能够孤立地存在。然而，由于你以众多不同的方式寻求着权力，所以你便培养孕育出了隔离。民族主义者是一种诅咒，因为他那高扬的民族主义、爱国主义精神会使其创造出一堵隔离的墙壁。他偏执地认同于自己的国家，以至于建造起了一堵反对其他国家的高墙，当你修建起了一堵反对和阻碍他人的墙壁时会发生什么呢？会有某物不断撞击着这座高墙。当你抵挡某物时，这种抵御说明了你正处于同他人的冲突之中。因此国家主义是一种隔离的过程，是寻求权力的产物，它无法给世界带来和平。一方面标榜国家主义、一方面谈论着兄弟情义的人是在扯谎，他正生活在一种矛盾的状态之中。

一个人能够在不渴望权力、地位和权威的情形下生存吗？答案显然是肯定的。当一个人不使自己依附于某种更为伟大的事物时，他便能够做到了。这种对更为伟大的事物——比如政党、国家、种族、宗教、神——的依附，便是对权力的寻求。因为你的内心是空虚、麻木和虚弱的，于是你便希望去依附于某个比你伟大的事物。这种使自己与更为伟大的事物相认同的渴望，便是对权力的欲求。

关系是一个揭示自我的过程，若没有认识自我，没有认识到自己的思想与心灵的运作方式，而仅仅是去确立起一种外在的秩序、体系、精巧的准则，那将是毫无意义的。在与他人的关系中去了解自我是极为重要的，如此一来，关系就不再是一个隔离的过程，而是一种你在其间会发现自己的动机、思想和追求的活动。而这一发现便是解放的开始，变革的开始。

14. 思想者与思想

　　在我们所有的体验里，总是会有体验者、观察者，他给自我累积得越来越多，又或者否认自我。这难道不是一种错误的过程吗？这难道不是一种无法带来创造力的追逐吗？假如它是一个错误的过程，那么我们能否将其完全地消除、搁置一旁呢？只有当我体验时，这一情形才会发生，不是作为一名思想者去体验，而是意识到了那一错误的过程，并且发现只有一种状态存在，那便是思想者即思想。

　　只要我在体验，只要我在想要成为怎样，那么就必定有这种二元的行为，必定有思想者与思想这两个分离的过程在运作着。没有结合，总是有一个中心存在，它通过行动的意愿而运作——集体的、个体的、国家的，诸如此类。普遍而言，这便是该过程。只要这个努力的过程被划分为了体验者和体验，那么就必然有退化。只有当思想者不再是观察者时，结合才有可能。也就是说，我们现在知道存在着思想者和思想，观察者和所观之物，体验者和被体验之物，存在着两种不同的状态，而我们的努力便是要为二者搭起一座桥梁。

　　行动的意愿总是二元的。有可能超越这种分离性的意愿并发现一种没有二元的行动的状态吗？这种情形只有当我们直接地体验到思想者即思想的状态时才能被发现。我们认为思想与思想者是分离的，果真是这样吗？我们愿意认为是如此，因为尔后思想者便能够通过其思想来对事情进行解释了。思想者的努力将变得更多或更少，因此在这种奋斗中，在这种意愿的行动中，在"变成"中，总是存在着瓦解性、衰退性的因素。我们正追逐着一个错误的过程，一个并不真实的过程。

思想者和思想是不是彼此分离的呢？只要它们是分离的，那么我们的努力便会付之东流。我们正追逐着一种错误的过程，该过程是毁坏性的，是由瓦解性、衰退性的因素所构成的。我们以为思想者与其思想是相分离的。当我发觉我很贪婪、占有欲强、十分残忍的时候，我认为我不应当如此。尔后思想者便试图去改变其思想，因而会努力去"变成怎样"。在这一努力的过程中，他追逐着这个错误的幻象，以为存在着两个分离的过程，殊不知只有一个过程存在。我认为，那种瓦解性、衰退性的根本因素就存在于其间。

是否有可能经历如下状态——体验者和体验合为了一体，而非两个分离的过程？如此一来，我们或许便能够去探明什么是富有创造力的状态，什么是任何时候都不存在退化的状态，以及人类有可能处于怎样的关系之中。

我是一个贪婪的人，我与贪婪并不是两个相互分离的事物，只有一个事物存在，那便是贪婪。假如我意识到自己是贪婪的，那么将会发生什么呢？我努力着不贪婪，或许是基于社交上的原因，又或者是出于宗教上的考量，但这种努力总是会困在一个狭小而有限的圈子之内。我或许可以将这个圈子扩大，但它依然总是有限的，所以便存在着瓦解性的、衰退性的因素。然而当我稍微深入和近距离地来观察时，我会发现，这个做着努力的人便是贪婪之因，他便是贪婪本身。我还会发现，"我"和贪婪并不是分开存在着的，而是只有贪婪存在。如果我意识到我是贪婪的，意识到并不存在着一个贪婪的观察者，而只有我自身是贪婪的，那么我们的整个问题便会截然不同了，我们的努力便不再是毁坏性的了。

当你的整个人都是贪婪的，当你采取的任何一项行为都是贪婪的，你将会做什么呢？存在着一个"我"，它是一种高级的实体，是一个处于控制和主导地位的战士。对我而言，这一过程是毁坏性的。它是一个幻象，我们知道自己为何要这么做。为了继续下去，于是我把自我划分为了高级的和低等的。倘若完全只有贪婪存在而没有那个运作了贪婪的"我"，那么会发生些什么呢？显然，尔后便会有一个不同的过程一起运作着，便会有一个不同的问题出现了。这个问题具有创造性，在它当中并没有感觉到"我"在做着主导、在主动或被动地"变成"。假如我们想要具有创造性的话，那么就必须要实现这一状态。在该状态中，没有某个做着努力的人。这不是一个言语上的问题，又或者试图去探明该状态是什么的问题。倘若你用这种方式来着手的话，那么你将会以失败告终，你永远都不会有所发现。重要的是要明白展开努力的人与他所努力的对象这二者是相同的。需要具有相当的理解力和观察力，方能看到心灵是如何将自身划分为了高等的和低等的这两种存在状态——高等的存在状态便是安全、永恒的实体——但仍然保留着思想的过程，因而也就保留着时间的过程。如果我们可以将这一点作为直接经验来认识的话，那么你会看到将出现一个迥然不同的因素。

15. 思考能否解决问题

　　思考尚未解决我们的问题，而且我也不认为它将会如此。我们依赖智识指引一条能带领着我们走出困境的道路。智识越是精巧、越是令人惊讶、越是微妙，那么体系、理论和观念的多样性就越是巨大。而理念没有解决我们人类的任何难题，理念不曾也永远不会解决我们的问题。心灵不是解答，思考的方法显然不是能令我们摆脱困境的道路。在我看来，我们应当首先认识思考这一过程，或许能够有所超越——因为当思考停止时，也许我们便能发现一种有助于我们去解决那些难题的方法了，不仅是个体的难题，还包括群体的难题。

　　思考没有解决我们的问题。那些聪慧之士，诸如哲学家、学者或是政治领袖，都没有真正解决我们人类的任何一个问题——即你同他人之间的关系以及你与你自己之间的关系。迄今为止，我们运用头脑、智力去帮助我们探究这一难题，并借此希望寻找到一个解决的途径。思考是否能够解决我们的难题呢？思想的活动难道不是以自我为中心的吗？而这样的思想能否去解决由其本身所制造出来的任何一个问题呢？制造出了这些问题的心灵可以解决由其自身所带来的这些问题吗？

　　显然，思考是一种回应。假如我询问你一个问题，你会对其做出回应——你根据自己的记忆、偏见、所接受的教育、所处的文化风土以及你的整个背景来做出回答。你予以回应，你进行相应的思考。在这一行为的过程中，背景的中心便是"我"。只要我们没有认识到这一背景，没有认识到制造出了这些问题的自我并且将其终结的话，那么我们便必定会在思想、情感和行动中产生冲突。任何的解决之法，无论多么明智、多么缜密，都无法终结人与人之间、你与我之间的冲突。意识到了这一点，意识到了思想是如何生发的以及从何而来，那么我们便会问道："思想能否终止呢？"

这便是我们的难题之一，不是吗？思考能够解决我们的问题吗？你通过对该问题的反复思索而将它解决了吗？无论何种问题——经济的、社会的、宗教的——都曾经通过思考而被解决了吗？在你的日常生活中，你对一个问题思考得越多，它反而会变得越复杂、越悬而未决、越不确定。这种情形在我们每日生活里难道不是屡见不鲜的吗？在对问题的某些方面展开彻底思考的过程中，你可以更为清晰地看到他人的观点，但是思考无法看到问题的全部——它只能看到问题的局部，而一个局部性的答案并不是一种完整的解答，因而也就不是一个真正的解决之道。

我们对一个问题思考得越多，我们对其调研、分析和讨论得越多，它就会变得越复杂。所以，究竟能否完整而充分地看待一个问题呢？怎样才能成为可能呢？在我看来，这也正是我们的主要困难所在。我们的问题正在迅猛增加着——有正在迫近的战争的危险，有我们的各类关系中的种种混乱——我们如何能够将这些问题当作一个整体来予以充分地认识呢？什么时候这才有可能呢？那便是只有当思考的过程——其根源便在"我"、自我之中，在由传统、条件、偏见、希望、绝望等构建而成的整个背景之中——终结的时候。我们能否认识到这一自我呢？不是通过分析，而是通过探明事物的本原，通过意识到它是一种事实而非一个理论——不是为了得到一个结果而寻求着去消解自我，而是在行动中不断地去审视自我、"我"的活动。我们能否不采取任何破坏或鼓励的行动去审视它呢？这便是问题所在，不是吗？如果在我们每个人的身上，"我"这一中心，连同其对权力、地位、权威、持续性以及自我保护的欲望都不存在的话，那么我们的难题显然便迎刃而解了！

自我是一个无法借由思考获得解决的问题。必须有一种不属于思考的意识，意识到自我的行动，不予以谴责或辩护——仅仅是意识到——便已足够。如果你为了探明如何去解决问题，为了让问题转化，为了产生一个结果而有所察觉，那么它将仍然是在自我、"我"的领域之内。只要我们在寻求着一个结果，无论是通过分析、觉知还是对每种思想的不断检验，那么我们便依然处于思想的领域之内，即"我"、自我的领域之内。

显然，只要有心智的活动，就不会有爱存在。当爱存在的时候，我们的各种社会问题便会消失殆尽。然而爱不是一种经由努力而获得的事物。心灵能够寻求着去获得它，就像一个新的想法、一个新的小玩意、一种新的思考方式。但是，只要思想正欲去获得爱，那么心灵便无法处于一种爱的状态之中。只要心灵正寻求着一种没有贪欲的状态，那么显然它就依然是贪婪的，不是吗？同样的，倘若心灵为了进入一种有爱存在的状态而去希冀、渴望和实践的话，那么它显然就拒绝了那一状态，不是吗？

探明这一关于生活的复杂问题，并且意识到我们自身的思想过程，意识到它实际上没有导向任何地方——当我们深刻地认识到了这一点时，一种既非个体又非集体的智慧便会来临。尔后个体同社会、同群体、同现实的关系便不会再有问题出现了。因为只有智慧存在着，它既非个人的，也非集体的。我觉得，单单这种智慧本身便能够解决我们那无尽的问题了。这不会是一个结果，只有当我们不仅是在意识的表层，而且还在潜藏着的意识的更深层面理解了思想的整个过程时，它才会出现。

要想认识这些问题，我们就必须得拥有一颗十分安宁、静寂的心灵，以便它能够在不加入任何观念或理论、没有任何分心的情形下去审视问题。这也是我们的难题之一——因为思考已经变成了一种无法集中的、分心的事物了。当我想要去认识和察看某物时，我不必去思考它——我只要去观察它。在我开始思考、开始产生关于它的想法和意见的那一刻，我便已经处于一种分心的状态了，我便已经背对着那个我必须要认识的事物了。所以，当你有了一个问题时，思考就变成了一个分心的事物——尽管它是一种观念、意见、判断或比较——它妨碍了我们去察看、认识和解决问题。不幸的是，对于我们大多数人来说，思考已经变得如此重要。你说："我如何能够在不进行思考的情形之下存在呢？我怎样才可以拥有一个空寂的心灵呢？"要拥有一个空寂的心灵，就必须处于一种无知觉的状态，而你的本能反应则是将其拒于门外。但显然一个极为宁静的心灵，一个不为自身的思想所干扰的心灵，一个开放的心灵，能够非常直接和简单地看待问题。而这种可以在没有任何分心的情形下去审视我们的问题的能力，才是唯一的解决之道。而要做到这一点就必须得有一个安宁、静寂的心灵。

这样的心灵不是一个结果，不是一种实践、冥想或控制的最终成品。它的出现，必须没有任何形式的自制、逼迫或升华，没有任何"我"以及思考的努力。当我认识了思想的全过程——当我能够在毫不分心的情形下去看待一个事实，它才会出现。在这种心灵空寂的状态中，会有爱存在。正是爱才能够解决我们人类所有的难题。

16. 时间与转变

　　我想略微谈及一下什么是时间，因为我认为，只有当我们认识到了时间的全部过程，方能体验到永恒的事物、体验到真理所蕴含的美满和意义。毕竟，我们每一个人都在以自己的方式寻觅着幸福感和丰足感。显然，当一个生命具有意义时，当它体验到了真正的幸福所蕴含的丰盈和富足时，它便不会受困于时间的局限。就如爱，这样的生命是无限的、永恒的。想要认识永恒，我们不必通过时间来接近它，而是要去认识时间。我们不应该把时间当作一种获得、认知和领会永恒的手段来加以利用。然而我们大多数人的生活却是如此：那便是把时间花费在了试图去抓住永恒之物的身上。所以，必须要理解我们所谓的时间究竟指的是什么，这是十分重要的，因为在我看来，摆脱时间的束缚是有可能的。把时间当作一个整体来认识是尤为重要的。

　　认识到我们的生命主要耗费在了时间上，这是十分有趣的——这里的时间，不是在年代顺序的层面上来谈的，不是所谓的分钟、小时、年月日，而是指心理的记忆。我们是在时间的维度上生存于世的，我们是时间的产物。所谓当下，仅仅是过去走向未来的通道。我们的头脑、我们的活动、我们的存在，全都建立在时间的基础之上。没有时间，我们便无法思考，因为思想是时间结出的果实，思想是无数个昨天的产物。没有记忆，思想便不会存在。记忆便是时间。存在着两种时间，年代顺序层面的时间和心理层面的时间。一种时间是由钟表所记录的昨天，一种时间则是记忆里的昨天。你无法拒绝年代顺序层面上的时间，这么做将是荒谬可笑的——那样你会错过火车。然而在年代顺序层面的时间之外还存在着其他一种时间吗？存在着心灵所认为的时间吗？显然，时间、心理层面的时间，是心灵的产物。没有思想这一根基，时间便不会存在——它只是作为与今天相连的昨天的记忆，它铸造着明天。也就是说，与当下相对应的对昨天经历的记忆正在创造着未来——它仍然是思想的过程，是心灵的路径。思想过程带来了心理在时间层面上的进展，然而这种时间是真实的吗，就如同年代顺序层面上的时间那样的真实吗？这种心灵的时间被当作是一种认识永恒、认识无限的手段，那么我们能够对其加以运用吗？正如我所说过的那样，幸福不属于昨天，幸福不是时间的产物，幸福总是在当下，它是一种永恒的状态。我不知道你是否曾注意到，当你拥有一种狂喜，一种具有创造力的欢愉，当你为一片穿透黑云的霞光心驰神往，在那一时刻，时间是不存在的，只有即刻的当下存在。体验了当下之后的心灵，记住并且希望去继续这一刻，累积了越来越多的事物给自己，因而便创造了时间。所以时间是由这些"更多"所创造出来的，时间是一种获得，时间也是一种拆分，而拆分仍然是一种心灵的获得。所以，单纯地将心灵规定在时间之中，把思想设定在时间的框架即记忆之内，显然是无法揭示出永恒的。

　　转变是一个时间的问题吗？我们大多数人都习惯于认为，时间对于转变而言是必需的：我是某个样子的，将现在的我改变成那个我应当成为的样子，需要时间。我很贪婪，并带着有贪婪会导致的诸如混乱、敌对、冲突和痛苦等结果。假如想要转变成不贪婪，我们认为需要时间。也就是说，时间被认为是转变成某种更为伟大的事物的手段，是一种变成怎样的手段。问题是这样的：一个人暴力、贪婪、善妒、愤怒、邪恶或易怒，要改造这样的自我，是否需要时间？首先，为什么我们想要去改造自我或者带来某种转变？为什么？因为这样的自我令人不满意，它制造了冲突和混乱，由于不喜欢这一状态，于是我们想要某种更好、更高尚、更理想化的事物。所以我们渴望有所转变，因为有痛苦、不适和冲突存在。冲突是否可以由时间来克服呢？假如你声称冲突会由时间来克服的话，那么你便仍然处于冲突之中。你可以声称将要耗费二十天或二十年的时间来消除冲突，来改变你的自我，然而在此期间内你却依然处于冲突之中，因此时间并不会带来转变。当我们把时间当作了获得某种品性、德行或存在状态的手段时，我们仅仅是延迟或者躲避了真实的自我，我认为认识到这一点是尤为重要的。贪婪或残暴导致了我们与他人关系及社会的痛苦和混乱，由于意识到了这种我们将其称为贪婪或残暴的混乱状态，于是我们便对自己说道："我要及时地摆脱它，我要做到不暴力，我要做到不嫉妒，我要做到宁静。"因为处在冲突的状态之中，所以你想要获得一种没有冲突的状态。那么这种没有冲突的状态是否是时间、是持续的结果呢？答案显然是否定的。因为，当你获得了一种非暴力的状态时，你却仍然是残暴的，于是也就仍然处于冲突之中。

我们的问题便是，冲突和混乱能否在一个时间的区间内，比如几天、数年或者一生当中被克服呢？当你说"我正准备在一定的时间之内做到不暴力"时会发生些什么呢？这个所谓的不暴力的实践，恰恰说明了你处于冲突之中，难道不是吗？倘若你不抵制冲突，你就不会去实践了。你声称，为了克服冲突，因此必须抵制冲突，而由于这一抵制，你就必须得拥有时间。然而这种对冲突的抵制本身便是一种冲突的形式。你将精力花费在了对冲突即你所谓的贪婪、善妒或残暴的抵制中，然而你的心灵却仍然处于冲突之中。所以，必须要明白以下做法是错误的：把时间当作克服暴力的手段来依赖，并以为由此可以摆脱这一过程。认识到这一点十分重要，尔后你便能够做真实的自己了，因为心理上的混乱便是暴力本身。

想要认识万事万物，认识有关人类或科学的全部，什么是重要的，什么是必须的呢？一个安宁的心灵，一个执意要去认识事物的心灵，不是吗？这样的心灵不是排他性的、不会试图去集中在某个中心之上——试图去集中又会陷入一种抵制的努力之中。如果我真的想要认识某事物，那么我的心灵便会立即进入到一种宁静的状态。当你渴望去聆听一段你所钟爱的音乐或者观赏一幅令你倾心的画作时，你的心灵是一种怎样的状态呢？立即会有一种宁静，不是吗？当你聆听着音乐时，你的心灵不会四处游荡，你只是在聆听。同样的，当你想要去认识冲突时，你就不要再去依赖于时间，你只要简单地面对真实的自己、那个处于冲突之中的自己，尔后立即会出现一种心灵的安宁和静寂。当你不再把时间当作一种改造自我的手段来依赖时，因为你看到了这一过程的荒谬性，尔后你面对着真实的自己，由于你颇有兴趣去认识自我，所以自然地你便会有一颗宁静之心。对自我的认知便存在于在这种机敏但又被动的心灵状态中。只要心灵处于冲突、责难、抵制和谴责中，就不可能会存在对自我的认知。很显然，倘若我想要去了解你，那么我就不应该对你予以指责。正是这种宁静的心灵带来了自我的革新。假如你真的对这一问题展开探究，你会发现当心灵不再抵制、躲避、抛弃和责备自我，而只是保持一种被动的觉知，那么在这种心灵的被动状态中便会有转变出现。

革新只有在当下才是可能的，而不是在未来。重生就在今天，而非明日。假如你对我所说的话进行检验，你将发现立刻会有重生出现，立刻会有一种崭新的、新鲜的特质出现。当心灵萌发兴趣的时候，当它渴望或者有意图去了解事物的时候，它会是静寂不动的。大多数人的困难在于，我们没有去了解事物的意图，因为我们担心，假如我们认识了它，它便会给我们的生活带来变革，于是我们便对其加以抵制。当我们把时间或者某种理想用作了逐步转变的手段时，这种防御性的心理机制就开始发挥作用了。

革新只在当下才是可能的，而不是在未来，不是在明日。假如一个人把时间当作一种手段来依赖，以为凭借着时间自己便能够获得幸福或者意识到真理、神，那么他只是在自欺欺人罢了。他生活在无知之中，因而也就处于冲突的状态。假如一个人懂得时间并非是带领我们摆脱困境的途径并因而摆脱了这一谬误的话，那么这样的人自然便会有认识自我的意愿。同时他的心灵是静寂的，没有任何的强迫或实践。当心灵是静寂的，不去寻求任何答案或解答，既不抵制也不躲避——只有在这时，才可能会有重生。因为此时的心灵已有能力去感知真理，而能够引领我们通向解放的，正是真理，而不是你为了得到自由所做的种种努力。

第二部分
给年轻人

所谓生活，便是要凭借着自己的力量去探明何为真理，而只有当存在着自由时，当内在的自我发生着持续的变革时，你才能够做到这些。

1. 教育的作用 *

　　我想知道我们是否曾经问过自己，教育指的是什么？为什么我们要去上学，为什么我们要学习各类科目，为什么我们要通过考试并且为了更好的分数而彼此竞争？这个所谓的教育究竟意味着什么呢？这真的是一个极为重要的问题，不仅对学生们来说是如此，对于家长们、教师们，对于热爱这个世界的每一个人来说也都是如此。我们为什么如此努力地来接受教育呢？难道仅仅是为了通过一些考试或者得到一份工作吗？又或者，教育的作用是要让我们在年轻的时候为理解生命的整个过程而做好准备吗？拥有一份工作、谋生糊口是必需的——但这便是全部吗？我们接受教育难道仅仅就是为了这个吗？显然，生活不单单只是一份工作、一个职位；生活是一种极为广阔和深刻的事物，是一个伟大的谜，是一片我们要在其中发挥着自己作为人类之功用的无垠的疆域。假如我们只是让自己为谋生而做着准备，那么我们就会失去生活的全部要义。理解生活，要比只是为了考试而做准备，为了成为数学或物理等方面的精通之士重要得多。

　　因此，无论我们是教师还是学生，询问自己为什么我们要教书育人或者接受教育难道不是十分重要的吗？生活意味着什么呢？生活难道不是一个非凡之物吗？飞鸟、花朵、繁茂的树木、天空、星辰、河流以及在其间游弋的鱼儿——所有这些都是生活。生活是贫穷和富足；生活是

---

* 本书第二部分内容原只有序号分节，没有标题。现各节标题系中文版编者所拟。

群体、种族和国家之间的不断争斗；生活是冥想；生活便是我们所说的宗教；它也是心灵中那些微妙的、潜藏着的事物——妒忌、野心、情欲、恐惧、满足和焦虑。所有这些甚至更多，便是生活。然而我们通常只是让自己为认识生活的一个小角落而做好准备落。我们通过一些考试，找到一份工作，结婚生子，然后变得越来越像一部机器。我们依然对生活感到担忧、焦虑和恐惧。所以，教育的作用，究竟是要帮助我们去认识生活的全部过程，还是仅仅是帮助我们为了得到某个职位或最好的工作而做好准备呢？

当长大成人时，在我们身上会发生些什么呢？你可曾问过自己：长大以后你打算做什么？最有可能的是，你会结婚，在你还不知自己身在何方时，你就已经为人父母了。尔后你将开始厌倦某份工作，或者厌倦待在厨房里，因为你感到自己正在逐渐地枯萎老去。你的生命篇章难道就要像这样去书写了吗？你可曾问过自己这个问题呢？难道你不应当问这个问题吗？如果你的家庭十分富裕，那么你或许可以拥有一个早已确保的相当不错的职位，你的父亲可以给你一份舒适的工作，又或者你可以举行一场隆重而盛大的婚礼，但你依然会走向衰败和退化。

显然，除非教育能够帮助你去认识生命的广阔无垠以及它所具有的微妙、非凡的美，悲伤和欢愉，否则它便毫无意义。你可以获得学位，你可以得到一份非常好的工作，但是之后会怎样呢？假如在这一过程中你的心灵变得迟钝、软弱和愚蠢的话，那么这一切的意义又是什么呢？所以，在年轻的时候，你难道不应该寻求着去探明生命的全部含义吗？难道教育的真正作用不是去培养你的智能以便寻找到所有这些问题的答案吗？你知道智能是什么吗？显然，它是一种没有恐惧、不墨守成规的自由思想的能力，这样一来你就可以开始去探明什么是真理。但如果你感到惊恐，那么你就无法拥有理性和才智。任何形式的欲望，无论是精神的还是世俗的，都会滋生出焦虑和恐惧；所以欲望不会有助于去产生出一个清晰、简单、直接，因而也就聪慧的心灵了。

你知道，当你年轻时，生活在一个没有恐惧的环境之中真的是尤为重要的。随着年龄的增长，我们大多数人都会变得恐惧不安起来。我们害怕生活，害怕失去工作，害怕传统，害怕邻里或配偶会在背后说三道四，害怕死亡。我们大多数人都有着这样或那样的恐惧。哪里有恐惧，哪里就不可能有智慧存在。对于我们大多数人来说，难道没有可能在年轻时处于一种毫无恐惧的自由氛围之中吗？——这里所谓的自由，指的并非仅仅是去做我们喜欢做的事情，而是要认识到生命的全部过程。生命实际上是极其美丽的，而并非我们将其塑造成的丑陋之物。只有当你反抗一切——反抗组织化的宗教、反抗传统、反抗当前这个腐朽堕落的社会——你才可以欣赏到生命的丰富、深刻以及超凡的魅力。如此一来，作为人类的你，才能够凭借着自己的力量去探明什么是真理。不是去模仿，而是去探明——这才是教育，不是吗？对社会、你的父母和老师告诉给你的事情言听计从是非常容易做到的，这会是一种极为安全和容易的生存方式。但这并不是生活，因为其间存在着恐惧、腐烂和死亡。所谓生活，便是要凭借着自己的力量去探明何为真理，而只有当存在着自由时，当内在的自我发生着持续的变革时，你才能够做到这些。

但是你却不被鼓励去这样做，没有一个人告诉你要去质疑，去凭借自己的力量探明什么是神，因为，如此一来你就将威胁到所有这些荒谬之物了。你的父母和社会想要你安全地生活，你也希望如此。安全地生活着，通常意味着生存在模仿之中，因而也就处于恐惧的状态里。显然，教育的作用是要去帮助我们每一个人毫无恐惧地自由地活着，难道不是吗？想要创造一个没有恐惧的氛围，需要你本人以及老师和教育者们进行大量的思考。你知道这意味着什么吗？——创造出其间没有恐惧存在的氛围是一件多么非凡的事情啊！我们必须要创造这样一种氛围，因为我们发现这个世界正陷入了无休止的战争之中，它被那些总是追逐着权力的政客们所引导着，它是一个律师、警察和士兵的世界，是一个由那些野心勃勃、渴望拥有地位并为之争斗不休的男人和女人所组成的世界；同时还是所谓的圣徒、宗教上师及其追随者们所组成的世界，他们也渴望攫取此生或来世的权力和地位。这已是一个疯狂的世界，彻底的混乱不堪，在这个世界里，共产主义者同资本主义者相争斗，社会主义者则对这二者都予以抵制，每一个人都反对着其他人，都努力要获得一个安全之地，获得权力或舒适的地位。世界已被各种相互冲突的信仰、阶级的壁垒、分离的国家主义、各种形式的愚蠢和残忍撕扯得四分五裂了——而这个便是你被教育着去适应的世界。你被鼓励着去适应这个灾难重重的社会的框架，你的父母希望你这么做，你自己也想去适应这样的一个社会。

教育的作用，究竟是帮助你去顺从这个腐烂的社会秩序的模式，还是给予你自由——完全自由地成长，创造出一个不同的社会，一个崭新的世界呢？我们想要拥有这种自由，不是在将来，而是在当下，否则我们可能都会被毁灭。我们必须要立即创造一种自由的氛围，这样一来，你才能够生活于其间并且凭借自己的力量去探明什么是真理，你才会变得富有智慧，你才可以去面对这个世界并且认识和理解它，而不是仅仅去顺从它，你才会从内心生发出持续的深刻的反抗。因为只有那些不断反抗的人才能去探明何为真理，而不是那些顺从、遵循于传统的人。只有当你不断叩问、不断观察、不断学习时，你才会发现真理、神或爱。假如你恐惧不安，那么你就无法去叩问、观察和学习了，无法实现深刻的觉知。因此，教育的作用，显然是要从外部和内部彻底地根除这种会将人类的思想、关系与爱毁灭的恐惧。

2. 探究恐惧

或许我们能够从另一个角度来走进恐惧这一问题。恐惧给我们大多数人带来了许多不同寻常的事物，它制造了所有的幻象和问题。除非我们对恐惧展开极其深入地探究并且真正理解了它，否则它便会一直扭曲我们的行为。恐惧扭曲了我们的理念，扭曲了我们的生活之路。它在人与人之间竖起栅栏，因而也就自然毁灭了爱。因此，我们对恐惧探究得越多，对它的认识越深，并因此摆脱了它的束缚，我们同周遭一切的接触也就会越多、越广。当前，我们与生活的联系是如此之少，不是吗？但假如我们能够使自己摆脱恐惧的束缚，那么就将拥有广泛的接触、深刻的认识、真正的怜悯、深情的体谅，我们心灵的疆域也将更为广阔。所以，让我们看一看能否从一个不同的视角来谈论恐惧吧。我想知道，你是否曾注意到，我们大多数人都渴望某种心理上的安全感。我们想要获得安全感，想要去依赖某人。就如同一个孩童紧拉着母亲的手那样，我们也想依附于某种事物。我们希望有人来爱着自己。没有安全感，没有一种心理上的防护，我们就会感到迷失，不是吗？我们习惯于依靠他人，指望着别人来引导和帮助自己，没有了这种支撑，我们就会感到困惑、担忧，不知道该去想些什么，不知道应当如何去行动。独处的时候，我们会感到孤独、不安和不确定。恐惧便由此而生，难道不是吗？所以我们希望有某种事物能给予我们确定感，我们拥有许多不同种类的防护。我们不仅有内心的还有外在的防护。当我们关掉房子里的门窗、待在室内时，会觉得非常的安全，不会招惹麻烦。然而生活却并不是这样子的，它不断地敲打着我们的门，试图推开我们的窗户，以便让我们可以看到更多。倘若我们出于恐惧而锁起了门、闩上了窗，那么敲门声只会变得更大。我们对于任何形式的安全依附得越紧密，生活对我们的推动就会越大。我们越是害怕，越是封闭自己，我们的苦难就会越大，因为生活不会让我们独自存在。我们渴望安全，但生活却说我们不能够这样，于是我们的争斗便开始了。我们在社会、在传统、在与父母、与配偶的关系中寻求着安全感，然而生活却总是将我们筑起的安全之墙给突破。

我们也在观念中寻求着安全和慰藉，不是吗？你是否留意过观念是如何形成的？心灵又是怎样依附于它们的吗？当你出门散步时，你看到了某个美丽的事物，于是你有了关于它的想法，你的心灵返回到了那一想法、那一记忆。你阅读一本书，你获得了某种让你对其格外执著的观念。所以你必须要懂得观念是如何出现的，它们又是怎样变成了内心的慰藉和获得安全的手段，怎样变成了我们所依附的对象。

你可曾思考过观念这一问题呢？如果你有一种观念，我有一种观念，我们每个人都认为自己的看法要比别人的好，于是我们彼此争斗，不是吗？我试图让你信服，而你也尝试着要让我信服。整个世界便建立在观念及其相互之间冲突的基础之上。假如你对这一问题予以探究的话，你会发觉，单纯地执著于一种观念毫无意义。然而你是否注意到，你的父母、老师、叔伯姨婶们全都固执于自己的观念呢？

一个念头是如何形成的呢？你是如何有了某个念头的呢？例如，当你有了外出散步的念头时，它是怎样出现的呢？探明这个问题是非常有趣的。假如你去观察的话——你会看到那样的一个念头是如何出现的，你的心灵又是如何执著于这个念头而将其他一切搁置一旁的。这个出外散步的念头是对某种感觉的反应，不是吗？你以前曾经出外散步过，那次经历给你留下了愉悦的感受或感觉。你渴望再体验一次，于是就滋生出了该念头，尔后便将其付诸行动了。当你看见一辆漂亮的车子时，你会产生某种感觉，不是吗？这种感觉来自对车子的那一瞥见。看见的行为制造出了相应的感觉。而从这种感觉又滋生出了以下的想法：

"我想要那部车子，它是我的车。"尔后这个想法就变成了主导性、支配性的念头了。

我们不仅在外部的财产和关系中寻求着安全感，而且也在内部的观念和信仰中寻觅着：我信仰神；我遵从宗教仪式；我认为自己应当以某种特定的方式结婚；我相信轮回转世说，诸如此类。这些信仰全都是由我的欲望和偏见制造出来的，而我也依附于这些信仰。我拥有外部的安全，也拥有内心的安全，假如移除或者质疑这些安全，我便会感到担心和害怕。假如你威胁到了我的安全，我会把你推到一边去，甚至会与你决斗。

是否存在着安全这样的事物呢？我们拥有关于安全的概念。我们可能同父母在一起时会感到安全，或者在从事某份工作时感到安全。我们思想的方式，生活的方式，我们看待事物的方式——所有这些可能都让我们感到满意。大多数人都非常满足于被种种安全的观念所包围、所封闭。但是，我们能否获得安全呢，哪怕我们或许已经拥有了外部和内部的诸多保障？从外部来看，一个人所开的银行可能明天就会破产，一个人的父母可能明天就会撒手人寰，社会可能明天就会出现一场革命。观念里是否存在着安全呢？我们热衷于认为我们在自己的观念、信仰和偏见里是安全的。但果真如此吗？它们只是不真实的墙壁；它们仅仅是我们的设想和感觉。我们乐于相信存在着一个看护着我们的神，或者相信我们即将获得重生，届时我们会变得比现在的自己更富有、更高贵。这或许会发生，又或者不会发生。因此，假如我们去探究内在的和外在的安全，我们便能够凭借自己的力量认识到，生活里其实并无安全可言。

所以，教师们和父母们不得不去解决恐惧这一难题。然而不幸的是，你的父母担心，假如你没有结婚又或者假如你没有一份工作的话，你该怎么办是好。他们害怕你会误入歧途，又或者害怕他人的闲言碎语。出于这种恐惧，他们想要使你去做某些事情，他们的恐惧身披一件名叫"爱"的美丽外衣，他们想去照看好你，因此你必须得做这个或者做那个。但是，假若你躲在这堵他们所谓的爱和体谅的高墙背后，那么你就将发现你对自己的安全和受人尊重的品性感到恐惧。你同样会感到害怕，因为你已经依赖他人如此之久。

这便是为什么以下的做法会是如此重要了：你应当在年轻时便开始去质疑和粉碎这些恐惧感，如此一来，你才不会被它们孤立、隔离起来，才不会被封闭在观念、传统和习惯之中，而是成为一个拥有创造力的自由的人。

3. 懂得爱

当我们年轻时，被爱，并且懂得何为爱，这难道不是非常重要的吗？然而在我看来，大多数人并没有去爱，也没有被爱。我认为，年轻的时候就非常认真地去探究这一问题并理解它是至关重要的。因为，只有在那时，或许我们才能够拥有足够的感受力去感觉到爱，去认识到它的特质，去闻到它那怡人的芬芳，如此一来，当我们长大时它才不会被完全地摧毁。所以让我们来思考一下这个问题吧。

爱指的是什么呢？它是一种理想，一种遥不可及的事物吗？又或者我们每个人在一天里的某些时候能够感觉到爱吗？拥有怜悯、善解人意的品性；没有任何动机而是自发地去帮助他人；待人和善；对一株植物或一条狗生出看护之心；对村夫怀抱同情；对你的朋友、邻里慷慨大方——这难道不是我们所说的爱吗？爱难道不是一种永久的宽恕、没有怨恨的状态吗？我们在年轻时感受到爱是不可能的吗？

年轻的时候，我们大多数人都经历过这种感觉——突然间对一位村夫、一条狗、对那些卑微或无助的人们生出同情之心。难道你不应当经常在一天当中抽出一定的时间用来帮助他人，用来照料一棵树或一个花园，用来帮忙做做家务吗？因为，如此一来你才能在长大成人后去懂得，没有任何强制、任何动机的情形下自发地对他人施予关怀指的是什么。你难道不应该去怀有这种真正的友爱之情吗？

真正的友爱之情是无法人为形成的，你必须要去感觉到它，你的监护人、你的父母、你的老师们也必须要感受到它。多数人都不具有真正的友爱之情，他们太在意于自己的成就、欲望、知识和成功了。他们对于自己所做的以及想要去做的事情看得太过重要了，以至于最终使得自己走向了毁灭。

因此，当你年轻时，去帮忙照看房子，或者照料你自己栽种下的树木，或者对一位生病的朋友伸出援助之手，如此一来，你的心里便会生出一丝微妙的同情、关怀和慷慨的感受——真正的慷慨，不单单是一种心灵上的慷慨，而是会使得你想要去与他人分享你所拥有的一切，哪怕你的所有是如此之少。假如你在年少时没有这种友爱、慷慨、和善和亲切的感受，那么你长大以后就很难会拥有这种感受了。但如果你现在就开始怀有这种感受的话，或许你便能够在他人身上唤醒爱的感觉。

怀有慈悲和友爱之心便意味着摆脱了恐惧的束缚，难道不是吗？然而你发觉，这个世界上，很难做到在没有任何恐惧，行动里没有任何个人动机的情形下成长起来。成人们从来不曾思考过恐惧这一问题，又或者他们只是抽象地想过这个问题，而没有在日常生活中遵照它来行事。此刻你正年轻，你正在观察、询问和学习着，但如果你没有探明是什么导致了恐惧，那么你就会变得跟他们一样。恐惧犹如隐藏着的野草，它会肆虐地生长和散播，扭曲你的心灵。所以你应当察觉到在你的周围以及你自己的身上所发生的一切——老师们是如何说的，你的父母是如何表现的，你又是如何回应的——如此一来，恐惧这一问题便能够被发现和认识到了。

大多数成年人都认为，某种训诫和纪律是必要的。你知道训诫是什么吗？所谓训诫，就是使你去做一些你其实并不想去做的事情。哪里有训诫，哪里就会有恐惧，因此训诫并不是爱的方式。这便是为什么无论如何我们都应当避免训诫的原因了——训诫是强迫、是抵制、是逼迫，是让你去做那些你并没有真正理解的事情，或者通过给予你某个奖励而说服你去做这些事情。倘若你并不理解某事，那么就不要去做，不要被迫地去做。你应该发问，求得一个解释，不要只是去顽固地执著己见，而要试图去探明事情的真相。如此一来就不会再有恐惧了，而你的心灵也就会变得柔韧起来，具有接受改变的适应能力。

当你对某件事情尚不了解，只是慑于大人们的权威而被强迫着去做它时，你就是在抑制你自己的心灵，尔后恐惧便会出现了，而这种恐惧会像一个难以挥去的阴影一般追逐着你的一生。因此，不要根据某种特定的思想方式或行为模式而服从于权威、遵从于准则，这是至关重要的。可是大多数成年人都希望让你去做某些事情，认为这是为了你好。正是这种以"为了你好"的名义而让你去做某些事情的行为，毁灭了你的感受力和你对事物的理解力，因而也就摧毁了你去爱的能力。而要拒绝被强制或逼迫则是非常困难的，因为我们周遭的世界是如此的坚固和强大。但如果我们只是向其屈服，在对事情还未理解的情形之下便去施行的话，那么我们就会陷入一种不去思考的习惯，尔后对于我们来说要摆脱这一状态就更为困难了。

所以，你应该在学校里服从权威、遵守纪律呢，还是应当被你的老师们鼓励着去讨论、探究和理解这些问题，以便当你长大成人、步入社会后能够成为一个成熟的人、能够以智慧的头脑去面对世界的种种难题呢？无论存在何种形式的恐惧，你都无法拥有这种深刻的智慧。恐惧只会使你迟钝，它抑制了你的开创精神，它熄灭了那怜悯、慷慨、关怀和友爱的火焰。因此，不要让你自己被训练进了某种行为模式之中，而是要去发现、去探明——这意味着你必须要给自己时间去质疑、去询问，意味着老师们也必须要给出这个时间。假若没有时间，那么就得挤出时间来。恐惧是腐化的根源，是衰退的开始，因此，摆脱恐惧要比任何的考试或学位重要得多。

4. 探明真爱

　　我们已经讨论过拥有爱是何等的重要了，而且我们发觉，一个人无法"获得"或"购买"到爱。倘若没有爱，那么我们为了构建一个没有剥削、没有管制的完美的社会秩序而制定出的所有计划就将毫无意义。我认为，在我们年轻的时候认识到这一点是非常重要的。

　　无论一个人在何时、在何地步入了这个世界，他都会发现这个社会处在一种永远冲突的状态里。社会严重地两极化了，一头是那些握有权势、生活富裕的人，另一头则是广大的劳动者。每个人都充满妒忌之心相互竞争着，每个人都想要谋得更好的职位、更多的薪水、更大的权力、更高的威望。这便是世界的状态，而外部的和内心的争斗与冲突也就总是在不停地上演着了。如果你我想要带来一场社会秩序的彻底变革，那么我们首先必须要了解的便是这种想要得到权力的本能。我们大多数人都渴望着某种形式的权力，我们发觉，凭借着财富和权力，我们便能够旅行、与重要人物交往、变得知名，或者梦想着创造出一个完美的社会。我们以为通过权力便能够得到好的事物。然而这种对权力的追逐——为了自我、为了我们的国家、为了某种意识形态而追逐权力——却是邪恶的，毁坏性的，因为它不可避免地会制造出与其相对立的权力，于是冲突便成了常态。

　　那么，教育的目的，难道不是应当去帮助你在成长后能够认识到，创造一个既没有外部冲突的也没有内部冲突的世界，一个你与邻里或任何群体都不存在冲突的世界——因为野心即对地位和权力的欲望的驱使已经彻底地终结了——是何等重要吗？有可能去创造一个不再有外部和内部的冲突的社会吗？社会便是你与我之间的关系，如果我们的关系是建立在野心的基础之上，我们每个人都想要比对方更有权势，那么显然我们就会一直处于冲突之中。所以，这种冲突的原因能够被消灭吗？我们能否训练自己不要相互竞争，不要同他人进行比较，不要渴望这个或那个地位吗？一个完全没有了野心的世界是有可能的吗？

当你同父母一起走出学校时，当你阅读报纸或者与人交谈时，你必然会注意到，几乎每个人都想要给世界带来某种变化。难道你没有注意到这些人总是在某些事情上——比如理念、财产、种族、社会等级或宗教问题上处于相互的冲突之中吗？你的父母、邻里、部长大臣和官僚们——他们难道不全都是野心勃勃，为了一个更好的地位而争斗着，因而也就总是处于同他人的冲突之中吗？显然，只有当所有这些竞争都被消灭的时候，才会出现一个我们所有人都能够快乐无忧、生机勃勃地生存于其间的和平的社会。

怎么样才能实现这一状态呢？你的心灵能够不被训练为野心勃勃的吗？能够消除欲望吗？从外在来说，你可以被训练成不充满野心；从社会层面来看，你可以停止与他人的竞争，然而在内心深处你却依然是野心勃勃的，不是吗？这种给人带来诸多苦难的野心能否被彻底地消除呢？或许你以前并没有想过这个问题，因为没有人像这样跟你谈论过它，但是现在有人正在同你谈到了这个问题，你难道不希望去探明，我们有没有可能不受那具有破坏性的野心的驱使，不与他人展开任何的竞争，而充实、快乐、富有生机地活在这个世界上吗？你难道不想知道，怎样去生活，你的生命才不会毁掉他人或者给他的人生之路投上阴影吗？我们以为这只是一个乌托邦之梦，永远不会成为现实，但我所谈论的并不是乌托邦，那只是废话闲扯罢了。像你我这样的简单、普通的人，能否不受对权力、地位的欲望这类野心的驱使，富有创造力地活在这个世界上呢？当你对自己所做的事情充满了热爱，你便会找到正解的。假如你当了一名工程师，仅仅是因为你必须挣钱谋生又或者是因为你的父母、社会对你有这样的期待，那么这便是另一种形式的逼迫，而任何形式的逼迫都会制造矛盾和冲突。但如果你真的热爱工程师或科学家这份工作，又或者如果你能够栽种一棵树、绘出一幅图画、写作一首诗歌，不是为了赢得他人的认可，而只是因为你热爱这么做，那么你便会发现，你永远不会与人竞争。我认为这才是真正的解决之道：去热爱你所做的事情。

然而，在年轻时便认识到你所热爱的究竟是什么并非一桩易事，因为你想做的事情实在是太多了。你想当一名工程师，或是一位翱翔于蓝天的飞行员，又或许你希望成为一个著名的演讲家或政治家，你可能想当一名艺术家、化学家、诗人或者木匠，你可能想从事脑力劳动，又或者去从事体力劳动。这些事情都是你真正热爱的吗？又或者你对它们的兴趣只是对来自社会的压力所做出的一种反应呢？你如何才能够探明这一点呢？教育的真正目的，难道不是帮助你去探明，以便长大时你能够开始将自己的全部身心投入到你真正热爱的事情上去吗？

要探明你所热爱的究竟是什么，需要相当的智慧。因为，假如你害怕无法谋生，或者害怕没有适应这个腐烂的社会，那么你就永远都无法探明了。但如果你没有感到惊恐，如果你拒绝被你的父母、你的老师、被社会的肤浅要求推进传统的窠臼之中，那么你就有可能去探明什么才是你真正热爱的。因此，去探明，就必然不会有对无法生存的恐惧了。

然而我们大多数人都害怕无法生存。我们说道："如果我不按照父母说的那样做，如果我不去适应这个社会的话，那么会有什么发生在我身上呢？"由于惊恐不安，因此我们便遵照着父母的话或社会准则来行事，于是便没有了爱的存在，只剩下矛盾。这种内在的矛盾正是产生出破坏性欲望的因素之一。

因此，教育的一个基本作用，便是要帮助你去探明什么是你真正所热爱的事情，以便你长大之后能够将自己的全部身心都投入到它的身上，因为只有这样才能创造出人类的尊贵，才能扫除平庸以及那卑琐的中产阶级的心性。这便是为什么拥有正确的老师、正确的氛围，以便你能够在爱的哺育之下成长起来是如此的重要了。倘若没有了这种爱，那么你的考试、你的知识、你的能力、你的地位和财产就只是一地尘埃，没有任何意义；没有这种爱，你的行为就会带来更多的战争、仇恨、苦难和毁灭。

所有这些可能对你而言都没有意义，因为从外在来看你还如此的年轻，但我希望它能对你的老师们具有某种意义——也对你心灵的某个角落发生些微的作用。

5. 爱的屏障

我认为，我们不会理解爱这一极为复杂的问题，除非我们懂得了有着同样复杂性的另一个问题——心灵的问题。你可曾留意到，年轻的时候我们是多么的好奇？我们渴望去认知，我们能够看到比成年人更多的事物。如果我们处于彻底觉知的状态，那么我们便会观察到许多成年人甚至都不曾去留意过的事物。当我们年轻时，心灵是更为机敏、警觉的，更具有求知欲。这便是为什么我们可以如此容易地学习数学、地理或其他科目的原因。随着我们年龄的增长，我们的心灵变得越来越程式化、越来越沉重和迟钝起来。你可曾注意到，大多数成年人是多么有成见吗？他们的心灵是不开放的，他们总是从一个既定不变的视角来处理一切。你现在还正年轻，但如果你不保持高度的警觉，那么你的心灵也将会变成那个样子。

重要的是，你应当去了解心灵，应当去探明你的心灵是逐渐变得迟钝，还是拥有接纳新事物的适应能力；是否能够进行迅速的调适，拥有非凡的开创精神，能够对生命的每个部分展开深入的探究和理解。你难道不应该知晓心灵是如何去理解爱的方式的吗？因为，正是心灵摧毁了爱。那些只是聪明、灵巧的人，并不知道何为爱，因为他们的心灵尽管敏锐但却肤浅。他们活在表层，而爱却并不是一种存在于表层的事物。

心智是什么？我所指的并不仅仅是头脑，不是指通过各类神经而对刺激做出反应的生理器官，关于这一器官，我想任何一位生理学家都能够向你进行详细的讲述。我们打算去探明心智究竟指的是什么。心智会说：
"我认为"，"这是我的"，"我受伤了"，"我嫉妒"，"我热爱"，"我憎恨"，
"我是一个印度人"，"我是一名穆斯林"，"我相信这个，不相信那个"，"我
知道而你则不知道"，"我尊敬"，"我鄙视"，"我渴望"，"我不渴望"——
这个事物是什么呢？除非你现在开始去认识并且使自己熟悉心智的全部
思想过程，除非你在自己的身上完全意识到了它，否则当你长大时，你
会逐渐变得顽固、迟钝、程式化，被限定在了某种特定的思维模式里头。

被我们称作为心智的事物究竟是什么呢？它是我们的思考方式，不
是吗？我所谈论的是你的心智，而不是某个其他人的心智——你思考与
感受的方式，你观察树木、渔夫的方式，你判断他人的方式。随着年龄
的增长，你的心智会逐渐变得扭曲起来，或者是被固定在了某种模式里
头。你渴望某个事物，你追逐着它，你希望是某某或变成某某样子，而
这种欲望会确立起一个模式。也就是说，你的心智创造了某种模式并且
被困于其中。你的欲望使你的心智被定型化、被程式化了。

比如，你想要成为一个非常富有的人。这种致富的欲望产生了一种
模式，尔后你的思想便被束缚在其中，你只能够在这些条件下去思考，
你无法超越它们。因此你的心智慢慢地被定型了，它变得顽固而迟钝。
或者，假如你相信某个事物——神、共产主义或某种政治制度——这种
信仰确立起了一个模式，因为它是你的欲望的产物，你的欲望使得模式
这堵高墙更加的坚固。渐渐地，你的心智变得没有能力去迅速地调适、
深刻地洞察、无法做到真正的明晰，因为你被束缚在了你自己的欲望的
迷宫里。

所以，除非我们开始去探究这一被我们称为心智的过程，除非我们

了解并熟悉了自己的思考方式，否则我们便不可能去探明什么是爱。只要我们的心智渴望着某种爱的事物，或者要求它以某种方式来行动，那么便不会有爱存在。当我们想象着爱应当是什么的时候，当我们将某种动机给予它的时候，我们就逐渐创造出了某种关于爱的行为模式。但这却并不是爱，它只是我们怀有的关于爱应当是什么的观念罢了。

例如，我拥有我的妻子或丈夫，就如你拥有一条裙子或外套。如果某个人拿走了你的外套，你会变得焦虑、愤怒和激动。为什么？因为你把那件外套视为了你的私人财产。你拥有它，通过这一拥有，你感到了富足，不是吗？通过拥有许多衣服，你不仅在身体上而且也在心理上感到了富足。当有人将你的外套拿走时，你被激怒了，因为你被夺去了那种拥有某物的心理上的富足感。

拥有的感觉树起了一道关于爱的屏障，不是吗？倘若我拥有了你、占有了你，那么这便是爱吗？我拥有你，就如我拥有一部车子、一条裙子，因为在拥有中我感到非常的满足，我依赖于这种感觉，它对我的内心十分的重要。这种拥有、占有某人的感觉，这种在情感上对于他人的依赖，便是我们所谓的爱。但如果你审视一下它的话，就会发觉，在"爱"这一词语的背后，心灵在拥有中得到了满足。

因此，在欲望、在希冀的过程中，心灵制造出了一种模式，而它自己则被束缚在了该模式之中。尔后它就变得软弱、迟钝、愚蠢并丧失了思考能力。心灵便是这种拥有某物的感受，这种"我"或"我的"的感觉的中心："我拥有某物"，"我是一个大人物"，"我是一个卑微之人"，"我被侮辱了"，"我被奉承了"，"我很聪明"，"我很美丽"，"我想要有所成就"，"我是某某人的儿子或女儿"，诸如此类。这种"我"或"我的"的感觉，便是心灵的核心，便是心灵本身。心灵越是有这种出人头地、变得伟大、非常聪明等感觉，它就越会在自己的周围建起一堵堵的高墙，于是它就被封闭在其中，变得迟钝和麻木。尔后它会感到无比痛苦，因为，在这种封闭之中会不可避免地存在着痛苦。由于感到了痛苦，于是心灵便说道："我该怎么做呢？"心灵不是通过觉知、通过缜密的思考、通过探究和理解这整个的过程来拆除这些将其团团围住的高墙，相反，它努力地在外部寻找到其他的事物，然后再由该事物将其重新给包围起来，于是心灵逐渐变成了一道爱的屏障。倘若没有认识到心灵是什么，没有理解我们自己的思考方式即行动的内在根源，那么我们便不可能探明什么是爱。

心灵难道不也是一种比较的工具吗？你知道我们所谓的比较指的是什么。你说："这个要比那个更好。"你将自己同某个更加美丽或者更为愚蠢的人做比较。当你说"我记得一年前见到过一条河流，它比这一条更美丽"时，便是在进行着一种比较。你把自己同一位圣人、英雄或者某个终极的理想典范相比较。这种比较性的判断使心灵变得迟钝，它没有让心灵变得迅捷，没有让心灵变得富有理解力和包容性。当你不断地做着比较时，会发生什么呢？当你看到日落，然后立即将其与此前所见过的日落相比较，或者当你说"这座山很美，但我两年前见过一座比它更美丽的山"时，你并没有真正看见那正呈现于你眼前的美。所以，比较妨碍了你去充分地观察。假如当我看着你的时候说"我认识一个更好的人"，那么我就没有真正在看你，不是吗？我的心灵被其他的事物占据着。要想真正地欣赏一场日落，就不应当有任何的比较；要想真正地看见你，就不要将你同他人进行比较。只有当我完全地在看着你、不做任何比较性的判断时，我才能够去了解你。在我将你同他人做着比较时，我是无法真正去认识你的，我只是在评判着你而已，把你说成是这样的或者那样的。所以，比较会滋生出愚蠢，因为在将你与他人进行着比较的过程中，缺乏一种人性的尊贵。然而当我不进行任何比较地看着你时，我惟一关心的事情便是去了解你，而在这种不带有任何比较的关注里面便会有智慧存在，会有人性的尊贵存在。

　　只要心灵在进行着比较，就不会有爱存在。而心灵总是在比较着、权衡着和判断着，不是吗？它总是留意着去发现弱点在哪儿，于是便没有了爱。当父母爱着他们的孩子时，他们是不会将一个孩子与另一个孩子做比较的。但是你却把自己同某个更优秀、更高尚、更富有的人相比较，你始终执著于把自己同他人做比较，于是你便让自己缺少了爱。心灵也因此变得越来越喜欢比较，越来越具有占有欲和依赖性，也就因而确立起了一种将自己束缚于其中的模式。因为它无法看到任何崭新的、新鲜的事物，它摧毁了生命的芳香，那便是爱。

6. 什么是简单

年轻的时候，你对一切事情都充满了求知欲：为什么太阳会发光，星星是什么，月亮是什么，我们周遭的这个世界是什么。可是，随着年龄的增长，知识却变成了一种不含任何感受的单纯的信息累积。我们成了专家，我们对这个或那个对象知之甚多，我们对自己周围的事物，比如街边的乞丐、乘坐着豪华轿车从身边驶过的富人却已兴致索然。假若我们想要知道世界上为什么会存在着贫富的差别，我们便能够找到某种解释。一切事物都有着解释，而解释似乎令我们大多数人都感到满足。这种情形同样适用于宗教。我们满足于解释，我们将对一切事物的解释称为知识。这难道就是我们所谓的教育吗？我们是在学习着去发现呢，还是仅仅为了让我们的心灵能够休息而去寻求着解释、定义、结论，如此一来我们就不需要去探询未来了呢？

我们的长者或许可以向我们解释一切，但我们的兴趣却因此被普遍地扼杀了。随着年龄的增长，生活变得更为复杂和困难起来。有如此多的事情需要去认识，有如此多的苦难和不幸。看着所有这些复杂事物，我们以为通过对其进行解释便能够将其解决。某个人死去了，这一事件得到了某种解释，于是痛苦通过解释得到了缓解。或许年轻的时候我们会生出反抗战争的想法，但随着年纪的增长，我们却接受了有关战争的解释，我们的心灵变得麻木起来。

在我们年轻的时候，不要满足于解释，而要去发现如何才能够拥有智慧，并因而去探明事物的真理，这是至关重要的。如果我们是不自由的，那么就无法拥有智慧。据说只有当我们年迈和睿智的时候，自由才会到来，但显然在我们仍然十分年轻的时候，也必然会有自由存在着——并不是为所欲为的自由，而是极其深刻地认识到我们自己的本能及欲望的自由。必然有一种没有恐惧的自由，然而一个人无法通过某种解释来摆脱恐惧的束缚获得自由。我们意识到了死亡以及对死亡的恐惧，通过对死亡进行解释，我们难道就可以知道死亡是什么了吗？或者就可以摆脱对死亡的恐惧了吗？

当年龄增长时，有能力去进行非常简单的思考是十分重要的。什么是简单呢？一个简单的人是什么样子的呢？一个过着隐士生活的人，一个近乎一无所有的人——这样的人是真的简单之人吗？简单难道不是某种与之完全不同的事物吗？心灵和思想的简单。我们大多数人都非常的复杂，我们有许多的欲望和憧憬。例如，你想要通过考试，你希望获得一份好工作，你怀有理想，你渴望培养起一个好的个性，诸如此类。心灵有如此之多的欲求，这样的状态会产生出简单来吗？探明这一点难道不是十分重要的吗？

一个复杂的心灵无法探明关于任何事物的真理，它无法发现什么是真理——这便是我们的困难所在。从孩提时代开始我们就被训练着去顺从，我们不知道如何将复杂缩减为简单。只有非常简单和直接的心灵才能够发现真理。我们的所知越来越多，但我们的心灵却从未实现过简单，而只有简单的心灵才能具有创造力。

当你描绘着一幅关于树的画作时，你所画的究竟是什么呢？你只是在根据所看到的这棵树的外观，它的叶子、分支、躯干等每一个细节在作画呢，还是在根据这棵树在你身上所唤起的那种感觉在作画呢？假如这棵树向你传达了某些讯息，你根据这种内在的体验在绘画，那么尽管你的感觉可能非常的复杂，然而你所绘的这幅画却是源于一种伟大的简单。年轻的时候保持心灵处于一种非常简单、未被污染的状态是十分必要的，哪怕你或许拥有你所想要的一切信息。

7. 自由之境

　　我想要同你们讨论一下自由的问题。这是一个非常复杂的问题，需要深入的学习和理解。我们听过许多关于自由的谈论，诸如宗教的自由或者为所欲为的自由，学者们就自由这一问题撰写过数以万计的书籍。但我认为，我们可以非常简单和直接地来着手该问题，或许这将给我们带来真正的答案。

　　我想知道是否你已经不再去觉察到那令人惊异的黄昏美景了：夕阳西沉，天边还残留着一抹落日的余晖，犹抱琵琶半遮面的月亮悄悄地爬上了枝头。通常在此时，河流平静得宛如一面镜子，水面上倒映着周边的景物：桥梁、桥上驶过的火车、温婉的月亮，随着天色渐晚，还会投映下夜空里的点点繁星。这番景象真是美如画境。去观察、去注视、去将你的全部注意力放在某个美丽的事物身上，你的心灵就必须从那些令你专注的事情中解脱出来，不是吗？它必须不为各种问题、焦虑和思索所占据。只有当心灵极为宁静时，你才能够真正有所觉察，因为这时候心灵敏锐地感受到了那非凡之美。或许这便是一条线索，能帮助我们去解答有关自由的问题。

　　自由指的是什么呢？自由指的是去做会令你感到满意的事情，去往你所喜欢的地方，思考你所愿意去想的事情吗？总之你们便是这么理解自由的。仅仅是拥有了独立，是否就意味着自由呢？世上有许多人都是独立的，但极少有人是自由的。自由意味着一种大智慧，不是吗？拥有自由，便是拥有智慧，但智慧不是通过单纯的对自由的渴望便能够形成的。只有当你开始了解了自己的全部环境，开始了解了那不断向你逼近、将你重重包围起来的源于社会、宗教、父母和传统的影响，智慧才会出现。然而要认识到各种影响——父母的影响、政府的影响、社会的影响、你所属的文化的影响、信仰的影响、你所信奉的神及你的迷信的影响，你不加思考对其予以顺从的传统的影响——要认识到所有这些影响并摆脱其束缚获得自由，需要有深刻的洞见。可是你通常则会屈服于这些影响，因为你在内心是惊恐不安的。你害怕在生活里没有谋得一个好的职位，你害怕你的牧师会说些什么，你害怕未去遵循传统或者没有去做正确的事情。但自由是一种心灵没有丝毫的恐惧、强迫，没有迫切地要去获得安全感的状态。

我们大多数人难道不都渴望拥有安全感吗？我们难道不希望被别人告知我们多么了不起、我们看起来是多么的可爱或者我们拥有多么非凡的才智吗？否则我们便不会如此沽名钓誉了。所有这些事情都提供给了我们一种自我保证，一种重要的感觉。我们全都想成为著名人士——而就在我们渴望成为大人物的那一刻，我们便不再是自由的。

请看清楚这一点，因为这是认识有关自由问题的真正线索。无论是在这个充斥着政客、权力、地位和权威的世俗世界中，抑或是在那个你盼望着能拥有德行、高尚和圣洁的所谓的精神世界里，从你想要去成为大人物的那一刻开始，你便已经不再是自由的了。只有那些明白了所有这一切是何等荒谬的人，那些心灵因而变得纯净，不再为任何功成名就的欲望所打动的人——只有这样的人才是自由的。倘若你懂得了它的简单，那么你便也能够发现它那非凡的美与深刻了。

因为，考试全都是为了这样的目的：为了给你一个职位，为了使得你功成名就。头衔、地位和知识都鼓励着你去建功立业。你难道没有注意到，你的父母和老师都告诉你说，你的一生必须得有所作为，你必须要像你的叔叔或祖父那样成功？或者，你努力着以某位英雄为榜样，成为大师或圣人。这样你永远都不会得到自由。无论你是以某位大师、圣人、导师或亲属为榜样，还是坚持某个特定的传统，都意味着要求你有所成就。只有当你真正了解了这一事实的时候，才会有自由存在。

那么，教育的作用，便是去帮助你自孩提时代开始就不要去模仿任何人，而是始终做你自己。而这是最困难的事情：无论你是丑陋还是美丽，无论你是羡慕还是妒忌，都要做你自己，都要认识你自己。而要做自己是极为困难的，因为你认为自己是卑贱的，认为假如你能够将自我改造得高尚便已经是一件非凡的事情了；但那永远都不会发生。然而，如果你审视并认识了真实的自我，那么在这种认识中便会存在转变。所以，自由并不在于努力去成为不同的某种东西，不在于去做你碰巧喜欢去做的事情，也不在于遵从传统、父母、老师的权威，而在于每时每刻都认识到你自己。

你知道，你并没有被教育成如此：你所受的教育鼓励你要有所作为——但这却并不是对自我的认知。你的"自我"是一个非常复杂的事物，它不仅仅是那个去上学、与人发生争吵、玩游戏的实体，而且还是某种潜藏着的、不明显的事物。构成它的，不单单是你所思考的全部想法，还包括他人、书本、报纸、领袖灌输进你头脑里的一切。只有当你不想去功成名就，当你不去模仿他人，当你不去遵从传统或权威的时候——也就是说，只有当你反抗着努力去出人头地的整个传统时，你才有可能认识到全部的自我。这才是唯一真正的变革，因为它能带领你走向那非凡的自由之境，而培养起这种自由才是教育的真正作用。

你的父母、老师以及你自己的欲望，都希望你去认同、去依附某些事物，以便你能够得到快乐和安全。但如果你想要成为一个有智慧的人，那么你就必须得从囚禁和压迫着你的种种影响中突围而出。

当你开始明白什么是错误的并对其进行反抗，不是停留于口头上而是在切实的行动中予以反抗，那么建立起一个崭新的世界的希望便会在你身上孕育、萌芽。这便是为什么你应当去寻求正确的教育方式，因为，只有当你在自由中成长起来，你才能够创造出一个崭新的世界。这个世界不会再是建立在传统的基础之上，不会再是依照某位哲学家或理想主义者的理念来被塑造。但如果你只是单纯地努力要出人头地或者以某个高贵的对象为模仿的榜样，那么自由就荡然无存。

8. 爱与自由

　　或许你们中有些人并没有完全理解我所说的有关自由的全部问题，但有机会去面对新的观念，面对某些你可能并不习惯的事物却是十分重要的。看到美的事物是好事一桩，但你也必须要同样去审视生活里那些丑陋的事物，你必须要对一切都有觉知。同样的，你得面对那些你或许并不太了解的事物，因为，你对那些可能于你而言有点困难的事情思虑、考量得越多，你充实地生活的能力也就越大。

　　我不知道你们中是否有人曾留意过清晨时那水面上的粼粼波光？那光亮是多么柔和，水面上的涟漪是多么美妙，点点晨星悬于天际，你可曾注意过这番景象？或者你是如此忙碌，为每日的例行公事所累，以至于你忘记了或者从不曾领略过这个我们大家共同生活于其间的地球所具有的非凡之美？无论我们是将自己称作为共产主义者还是资本主义者，印度教徒还是佛教徒，穆斯林还是基督徒，无论我们是瞎眼、瘸腿、还是健全而快乐，这个地球都是我们的。你理解了吗？它是我们的地球，不是其他人的。它并非只是富人的地球，它也不是只属于那些有权势的统治者和贵族，而是属于我们每一个人，属于你和我。我们是无名之辈，但我们也同样生活在这个地球上，我们都必须一起生存于世。这是穷人的世界，也是富者的世界，这是目不识丁之辈的世界，也是学富五车人士的世界。它是我们的世界，我认为，意识到这一点并热爱这个地球是非常重要的，不要只是偶尔在一个宁静的清晨去爱它，而要始终都热爱它。只有当我们理解了什么是自由的时候，才能够感受到这世界属于我们，并因而去热爱它。

当下并没有自由这样的事物，因为我们根本不知道自由是什么。我们渴望着自由，但假如你注意一下每一个人——老师、父母、律师、警察、士兵、政客、商人——他们都在自己那方小小的角落里做着一些事情来妨碍着自由。自由，并非只是去做你所喜欢的事情，或者从捆绑着你的外部环境中突围而出，而是要去理解有关依赖的全部问题。你知道什么是依赖吗？你依赖父母，不是吗？你依赖老师，你依赖厨子、依赖邮差，依赖给你送牛奶的人，诸如此类。一个人可以相当容易地理解到这种依赖，然而，在他能够得到自由之前，他必须要认识到另一种更为深层的依赖，那便是：依赖他人给自己带来幸福。你知道依赖他人给你幸福指的是什么吗？这并非是单纯的身体上对他人的依赖，而是一种内在的、心理上的依赖。你以为由此便能获得所谓的幸福，其实，当你以这种方式来依赖他人的时候，你就变成了一个囚徒。假如，随着年龄的增长，你在情感上依赖着父母，依赖着你的妻子或丈夫，依赖一位上师，或者依赖于某种理念，那么这便会成为奴役的开始。我们并没有认识到这一点——尽管我们大多数人都渴望自由，尤其是当年轻的时候。

要想获得自由，我们就必须抵制所有内心的依赖，倘若我们没有认识到为何自己会依赖于他人，那么我们就无法去反抗。除非我们理解并真正摆脱了所有内心的依赖，否则便永远不能够得到自由。因为，只有在这种理解中才能够有自由存在。但自由并不是单纯的反应，你知道什么是反应吗？假如我说了会伤害你的话，假如我给你起不敬的绰号，那么你就会对我愤怒不已，这是一种反应——一种源于依赖的反应，而独立则是一种更为深入的反应。但自由却并不是一种反应，除非我们理解了反应并超越了它，否则我们永远都不会是自由的。

你知道爱着某人指的是什么吗？你知道爱一棵树、一只鸟或一个宠物是什么意思吗？因为爱，所以你便去照顾它、喂养它、珍惜它，尽管它可能不会给你任何的回报，尽管它可能不会为你遮风挡雨，或者顺从你、依赖你。我们大多数人并不以这样的方式去爱，我们完全不知道爱指的是什么，因为我们的爱总是被焦虑、嫉妒和恐惧捆缚着——这意味着我们对他人存在着心理上的依赖，我们渴望被爱。我们没有真正地在爱，却索要着某种回报。正是在这种对回报的索要中，我们变得依赖。

所以自由与爱同行。爱不是一种反应，如果我爱你是因为你爱我的话，那么这只是一桩交易，就像买卖市场里的商品，这不是爱。爱，不寻求任何的回报，爱是润物细无声——只有这样的爱才能够认识到自由。然而，你也看到了，你并没有接受过关于爱的教育。你被教授了数学、化学、地理、历史，尔后你的教育便结束了。因为你的父母所关心的，只是帮助你去谋得一份差事，去在生活中取得成功。假若你的父母有钱的话，他们或许还会把你送到国外去，然而即便到了世界的其他地方，他们的目的也依然是希望你富有，希望你能在社会上享有受人尊敬的地位。你爬得越高，你就给其他人带来越多的苦难，因为，为了达到那个位置，你便不得不去竞争，不得不学会冷酷无情。所以父母将他们的孩子送到只有野心和竞争却没有一丝爱存在的学校，这便是为什么我们这样的一个社会在持续地衰退着，总是处于冲突之中。虽然政客、法官、所谓的崇高之士们谈论着和平，但这种纸上谈兵却是毫无意义的。

现在，你和我必须要认识到有关自由这一问题的全部内涵。我们必须要凭借自己的力量去探明什么是爱，因为，如果我们不去爱人、爱物的话，那么就永远无法做到对他人体贴和关心，永远无法体谅到他人的需求和感情。你知道体谅他人指的是什么吗？当你看到路上有一块绊过许多双赤脚的坚硬的石头，你将石头挪开了，不是因为你被要求去这样做，而是因为你在为其他人着想——这个其他人是谁无关紧要，你或许永远都不会与他相遇。种下一棵树，好好看护它；凝望一条河流，享受地球的丰富；观察一只风中的鸟儿，体察它那飞翔的美；拥有感受力，对生活那非凡的活动保持一颗开放之心——因为所有这些都必然存在着自由。倘若没有爱，那么自由便只是一种理念，没有任何的价值。因此，只有当一个人认识到了内心对他人的依赖，尔后摆脱了其束缚，并因而懂得了什么是爱，那么他才会是自由的。正是这样的人，才会带来一种崭新的文明、一个不同的世界。

9. 深刻的感受力

你可曾思考过这样一个问题：为什么我们大多数人都相当邋遢——穿着上随便，礼节上马虎，想法上随意，做起事来也是如此？为什么我们不守时？为什么我们对他人不体谅？是什么让一切井井有条？是什么让我们的穿着、思想、言谈以及走路的姿势不再马虎随意，而是变得有序？是什么让我们以平等、和蔼的方式来对待那些不及自己幸运的人？是什么带来了这种精巧而严谨的秩序？带来了这种在没有强迫、没有计划、没有深思熟虑的情形下出现的秩序？你可曾思考过这一问题？你知道我所说的秩序指的是什么吗？它指的是安坐如山，毫无压力；指的是优雅地就餐，从容淡定；指的是一种虽然闲适但又精致的生活状态；指的是既清晰又广博的思考。是什么给生活带来了这种秩序？在我看来，一个人应当被教育去发现产生这种秩序的原因，这意义重大。

显然，秩序只有通过美德方会出现。除非你拥有美德，不单单是在细微的小事上有德行，而是在所有的事情上都有德行，否则你的生活就会变得混乱无序，不是吗？拥有德行本身是无甚意义的，但因为你是有道德的，于是在你的思想中便会出现一种精确，你的整个存在中便有了秩序，而这便是德行的作用。

然而，当一个人努力去变得有道德时，当他训练、约束着自己要和善、有效率、体贴、关心他人时，当他试图不去伤害他人时，当他将精力花费在建立起秩序、花费在努力去当个好人上面时，将会发生些什么呢？

他所做的诸多努力，只能带来受人尊敬的地位，带来心灵的平庸，所以他不能算是一个真正有德行的人。

你可曾贴近观察过一朵花儿？它那么小，但却那般精致，这是多么令人惊异啊！同时它又是那么的柔嫩、芳香与可爱！当一个人试图做到井然有序时，他的生活或许会变得极其精确，但它却已经失去了柔和的特质。只有在没有任何的努力时，这种柔和方会出现，就像那花朵一样。因此我们的困难在于，要做到没有任何努力之下的精确、清晰和广博。

你知道，为了有序或整齐而做的种种努力，其收效是极为有限的。如果我特意努力去让自己的房间井然有序，如果我仔细地将所有的东西都摆放在正确的位置上，如果我总是留意着自己，我的手脚该放哪儿，诸如此类，那么会发生什么呢？我会成为一个令自己和他人都感到难以忍受的厌烦之人。一个总是试图要有所成就的人，会审慎地布局好自己的思想，孰先孰后都已做好了周密的安排，而这样的人无疑会让人深感疲惫和厌烦。他或许非常的整洁、干净，或许措辞准确，或许极为体贴周到，但他却失去了那种富有创造力的生活的乐趣。

因此，我们的问题是，一个人如何能够拥有这种富有创造力的生活的乐趣呢？如何能够拥有丰富的感受、广博的思考，但同时又可以做到精确、清晰和有序地生活呢？我认为大多数人都没有实现这种状态，因为我们从不曾强烈地感受过任何事物，从不曾将自己的身心彻底地投入到任何事物中去。我记得我曾观察过两只赤毛松鼠，它们有着长而浓密的尾巴，柔软光亮的毛皮，在一株高大的树上相互追逐着，上蹿下跳，动个不停——只是为了一种生存的乐趣。然而，假如我们没有深刻地感受过事物，假如我们的生命里没有任何的激情，那么你我将无法了解何为乐趣。这里所说的激情，不是为了做好事或者带来某种变革，而是那种在对事物的强烈感受中所体验到的激情。只有当我们的思想方式、我们的整个存在状态发生彻底的变革时，我们才可以拥有那生机盎然的激情。

你是否留意过我们中极少有人有过对事物的深刻感受呢？你是否曾经反抗过你的老师、你的父母，并非仅仅因为你不喜欢某些事情，而是因为你有一种深刻而强烈的感受，意识到你不想要去做某些事情？倘若你深刻而强烈地感受到了某物，那么你便会发现，这种感受以一种奇特的方式将一种崭新的秩序带入了你的生命里。

思考的有序、整齐和清晰，本身并不太重要，但如果一个人拥有敏锐的感受力，能够深刻地感受到事物，其内心总是处于一种变革的状态，那么这种思考的有序对他而言就会变得十分重要了。假若当你看到穷人的悲苦境况，看到富人的汽车驶过时扬起的尘土蒙住了街边一个乞丐的脸时生出了极为强烈的感受，假若你对一切事物都有着非凡的接纳力和感受力，那么这种感受力便会带来秩序和美德。我认为，老师和学生都应当认识到这一点，这是极为重要的。

不幸的是，在这个国家里，就像在世界的其他地方一样，我们所在意的如此之少，我们对任何事物都没有深刻的感受。我们大多数人都是知识分子——表面含义上的知识分子，十分的聪明，语汇丰富，有一大堆关于孰对孰错、我们应当如何思考、我们应当做些什么的理论。我们在智力层面的确得到了高度开发，但内心却空无一物、极度空虚。而只有内心的充实才能带来真正的行动，带来一种不是根据某个理念或想法而采取的行动。

这便是为什么你应当拥有非常强烈的感受——感受到激情，感受到愤怒——观察这些感受，探明关于它们的真理。因为，如果你仅仅是压制着它们，如果你说："我不应该发怒，我不应该感受到激情，因为这是不对的。"那么你将发现，你的心灵逐渐地封闭在了某个理念之中，并因此变得非常的肤浅。你可能聪慧过人，你也可能像百科全书一般博学，但假如没有这种富有生机、强烈而深刻的感受力，那么你的理解力就如同一朵没有芬芳的花儿。

你应当在年轻的时候认识到所有这些事情，这是至关重要的。因为，只有这样，当你长大时你才会变成真正的革命者——这里的"革命者"，不是依照某种意识形态、理论或书本所做的理解，而是在"革命者"一词所蕴含的全部意义的层面上来理解。如此一来，你的身上便不会留下被旧有的事物污染的痕迹了。尔后你的心灵便是崭新的、纯净的，并因而拥有了非凡的创造力。但假如你没有领会到这一切的重要意义，那么你的生命就将变得极其单调和乏味，因为你将会臣服于社会、家庭、你的妻子或丈夫、理论、宗教的或政治的组织。这便是为什么你应当去接受正确的教育是如此的紧迫了——这意味着你必须得拥有这样的老师：他能够帮助你去打破所谓的文明那坚硬的外壳，能够帮助你不去成为重复性的机器，而成为一个内心吟唱着自己的旋律的真正的人，一个快乐的、富有创造力的人。

10. 不满的火焰

　　你可曾一动不动地静坐过？你尝试一下，真正一动不动地坐着，挺直脊背，然后观察一下你的心灵在怎样活动。不要试图去控制它，不要说它不应当从一个念头跳到另一个念头，从一个兴趣转移到另一个兴趣，就只是去认识到你的心灵是如何跳跃的。不要去做任何事情来干预它，只是去观察它，就像你曾站在河堤上注视着那流淌的河水一般。流淌的河水里有如此之多的事物——鱼儿、落叶、死掉的动物——可河流总是运动着的、鲜活的。你的心灵也正如此，它永无止息，犹如一只蝴蝶般从一个事物跳跃、游走到另一个事物。

　　当你聆听着一首歌曲时，你怎样去聆听到它呢？你可能喜欢那个演唱者，他或许有一张姣好的面容，你可能跟随、捕捉着歌词的含义。但在所有这些的背后，当你聆听着一首歌曲时，你所聆听的是那曲调以及曲调之间的静默，不是吗？以同样的方式，尝试着去安静地坐着，不要坐立不安，不要活动你的手甚至脚趾，只是去审视你的心灵，这非常有趣。如果你把它当作乐子、当作一件有趣的事情来尝试，那么你将会发现，心灵开始慢慢沉静了下来，你不去做任何想要控制它的努力，尔后这里便没有了监督、评定和判断。当心灵因此变得静寂时，你会发现何为欢愉。你知道欢愉是什么吗？它是畅快地大笑，是在任何事情中都能体验到快乐，是懂得生活的乐趣，是微笑，是毫无畏惧地直视他人的脸孔。

　　你可曾真正直视过别人的脸吗？你可曾直视过你的老师、你的父母、某位大官或某位雇员的脸，然后观察会发生些什么吗？我们大多数人都害怕直视他人的脸，而他人也不希望我们这样去注视着自己，因为他们也同样感到恐惧，没有人想去暴露自己。我们全都警惕着、防备着，躲在层层的痛苦、悲伤、憧憬和希冀的背后，很少有人会直视着你的脸并且报以微笑。微笑，保持快乐的心境是非常重要的。因为，你知道，倘若心中没有欢歌，那么生活将会变得极为乏味。一个人可以从一座庙宇走到另一座庙宇，从一个丈夫或妻子的身边走到另一个配偶的身边，或者他可以寻找到一位新的老师、上师。但假如没有这种内心的喜悦，生命便毫无意义。而要寻觅到这种内心的喜悦并非易事，因为我们大多数人的不满都只停留于表面。

你知道不满指的是什么吗？要理解不满非常困难，因为我们大多数人都是将不满疏导进了某个渠道从而将其隐藏了起来。也就是说，我们仅仅关心着让自己坐上某个利益充分、名望较高的安全的位置，以便不会受到干扰。这种情形无论是在家庭里还是学校中都在上演着。老师们不希望受到扰乱，这便是为什么他们恪守着旧有的准则和惯例。因为当一个人真正感到不满并开始去探询、去质疑的时候，就必定会带来扰乱。然而，只有通过真正的不满，一个人才能够拥有开创精神。

你知道所谓的开创精神指的是什么吗？当你在没有提示的情形之下去开始某事情时，你便具有了开创精神。它需要的不是极其伟大或非凡的事物——这种事物或许尔后会出现。当你独立地种下一株树时，当你自发地与人为善时，当你对一个背负重担的人投以微笑时，当你移走了道上的一块石头或者爱抚着路边的一个动物时，便会有开创精神的火花闪现了。假如你认识到了那被称作创造力的非凡之物，那么这就会是你必须拥有的巨大开创精神的一个小小开端。创造力源于开创精神，而只有当你有了深刻的不满时，开创精神才会出现。

不要害怕不满，而是要滋养它，直到不满的星星之火呈现燎原之势，直到你对一切怀有永远的不满——不满于你的工作，不满于你的家庭，不满于追逐金钱、地位和权力的传统——如此一来你便真正开始去思考、去发现。然而，随着年龄的增长，你会发觉，要保持这种不满的精神真是难上加难。你有了需要养育的子女，有了必须考虑的工作上的需求。邻里的看法，社会的舆论不断朝你逼近着，不久，你身上那原本燃烧着的不满之火便慢慢地熄灭了。当你感到不满时，你会去打开收音机，去求助于一位上师，去做祷告，去参加某个俱乐部，或去追逐女人——这些事情都会熄灭不满的火焰。但是，你看到，倘若没有了不满的火焰，你就永远都无法拥有开创精神，而开创精神正是创造力的源头，正是创造力的开始。要探明何为真理，你就必须要反抗既定的秩序。然而，你的父母越是有钱，你的老师们的工作越是安定，他们就越不希望你去反抗。

创造力，并不仅仅是指创作一幅画或写一首诗歌，绘画或写作确实是好事一桩，但其本身却没有多少意义。重要的是要做到彻底的不满，因为这种彻底的不满正是开创精神的开始，而开创精神在成熟之时则会变成创造力。这是探明真理、神的唯一途径，因为创造的状态便是神。

所以一个人必须要拥有这种彻底的不满——不过要带着喜悦。你理解了吗？一个人必须要彻底的不满，但不是喋喋不休地抱怨，而是带着喜悦、带着快乐、带着爱。大多数不满之人都是可怕的、令人厌烦的，他们总是抱怨着这个或那个不对，或者希望自己有更好的职位，或者渴望环境能有所改变，因为他们的不满都极为肤浅。而那些完全没有不满的人则已经如行尸走肉一般了。

如果你能够在年轻时去反抗，并且在长大后能带着喜悦、生机以及伟大的爱去保持那不满的活力，那么不满的火焰便将具有一种非凡的意义，因为它会建设、会创造，它会给生活带来崭新的事物。为此你必须要获得正确的教育，它不是那种单纯让你为了谋到一份工作或者爬上功成名就的阶梯而去做准备的教育，而是帮助你去思考，给予你空间的教育——这个空间，不是指一个更大的卧室或者更高的屋顶，而是给你的心灵以成长的空间，以便它不会为任何信仰、任何恐惧所羁绊。

11. 生活的全部

　　我们大多数人都只是探究了生命的某个很小的部分，并以为通过那一部分便能够发现全部。我们希望足不出户便可以去探测河流的长度和广度，可以去领略河岸边那绿色草原的丰饶。我们生活在蜗居之中，我们在小小的画布上绘画，以为通过双手便已经领会生命的全部或者理解了死亡的意义，然而实际上我们却并非如此。我们必须要走到那广阔的天地中去，可惜这却又是极为困难的。走出户外，离开那门窗狭窄的房间，观察这天地中的一切，不去做任何的评判、责难，不要去说："这个我喜欢，那个我讨厌。"然而我们大多数人都以为通过局部便能够认识到整体，我们希望通过一根辐条就可以去认识车轮，但一根辐条是无法成为整个车轮的，不是吗？需要许多辐条，还得有一个轮轴和一个轮圈才能制成叫作车轮的物体，而为了认识这个车轮，我们就需要去看到它的全部。同样的道理，假如我们想要真正理解生活，那么就必须得去感受生活的全部过程。

　　我希望你能这样去做，因为教育应当帮助你去理解生活的全部，而不是仅仅让你为了能有一份工作，为了让你遵照主流的人生方式，按部就班地为结婚生子做准备。然而要带来这种正确的教育方式，需要有大智慧，需要有非凡的洞见。因此，教育者本人应当启发被教育者去认识生命的全部过程，而非只是依照某些旧的或新的准则来育人子弟，这是至关重要的。

生命是一个非凡的谜——不是书本上的谜，不是人们所谈论的谜，而是一个不得不凭借自己的力量去发现的谜。所以你应当去认识那些琐碎、狭小和细微的事物并且超越它，这是极其重要的。

如果你没有在年轻的时候便开始去认识生命，那么你的内心就会逐渐变得面目可憎。你会变得迟钝、空虚，尽管从外在来看你或许非常富有，坐着名贵的车子，装腔作势。这便是为什么离开你那小小的房间去感受天地的广阔无垠是如此的重要了。然而你无法做到这样，除非你拥有爱——不是肉体的爱或者神的爱，就只是爱。也就是去爱那飞鸟，爱那绿树，爱那鲜花，爱你的老师、你的父母，并且超越对亲友的爱，实现对全人类的大爱。

假若你不能凭借自己的力量去发现爱是什么，这难道不是一种巨大的悲哀吗？如果你现在不懂得爱的真谛，那么你就永远都无法认识到它了，因为，随着年纪的增长，被称为爱的事物会变得面目丑陋起来——变成一种占有，一桩买卖或交易。但如果你现在便开始在心中播撒下爱的种子，如果你去爱自己栽种下的那株树木，爱你正在轻拍着的这只迷途的动物，那么，长大以后你就不会束缚在自己那个窗户狭窄的小房间里头，而是会走到广阔的空间里去，满怀着热爱去拥抱整个生活。

爱是实在的，它不是情绪化的，不是令人哭泣、哀叹的事物，它不是多愁善感，爱本身完全没有任何的感伤。它是一件如此重要的事情，以至于你应当在年轻的时候懂得它的真谛。你的父母和老师或许并不知道何为爱，这便是为什么他们会制造出了一个如此可怕的世界，一个永远处于内忧外患的社会。他们信奉的宗教、哲学和意识形态统统都错了，因为他们没有爱。他们只是感知到了局部，他们从一扇狭窄的窗户向外探去，或许透过那扇窗所看到的景象令人十分愉悦，也很广阔，但这却并不是生命的全部领域。倘若没有这种强烈的爱的感受，你就永远无法感知到它的完整。因为你将总是处于悲苦之中，当你最后走到生命的尽头，除了一堆灰烬，除了许多空洞的词语以外，你将一无所有。

12. 真正的学校

　　我认为，能在离开学校之后生命的余下岁月里寻找到幸福，是一件极为罕见的事情。当你离开学校时，你会面临许多重大的问题：战争的问题、人际关系的问题、宗教的问题以及社会内部的不断冲突。在我看来，这种教育是错误的，因为它没有让你去为面对这些难题，去为创造出一个真实的更为快乐的世界做准备。显然，这正是教育应该发挥的作用，尤其是在学校里，因为在这里你能够拥有创造性的表现机会，能够帮助学生们不要被那些局限他们的心灵、视野和幸福的各种社会和环境的影响所束缚。在我看来，那些即将踏入大学校门的莘莘学子，应当凭借自己的力量去认识摆在我们所有人面前的诸多问题，这是极为关键的。尤其是在这个你即将去面对的世界中，重要的是要拥有一种非常明晰的智慧，而这种智慧不会通过任何外在的影响或者书籍而产生。我认为，这种智慧出现的前提条件，是一个人意识到了这些难题并能够去面对它们，不是在任何个人的或有限的层面上，不是作为一个美国人、印度人或共产主义者来认识和面对这些难题，而是作为能够担负起认识事物的真正价值这一责任，不去根据任何特定的意识形态或思维模式来对事物进行阐释的人类。

　　教育应当让我们每一个人为了理解和面对我们人类的诸多问题而做好准备，而不是仅仅提供给我们知识或者进行技术培训。因为，你知道，生活并非一桩易事。你或许拥有过快乐的时光，一段富有创造力的时光，一段在其间你变得成熟了的时光；但是，当你离开了学校时，许多的事情会接踵而来，会将你团团围住。你会被人际关系、社会的影响，被你自己的恐惧，被想要成功的野心束缚住手脚。

我觉得，有野心其实是一种诅咒。野心是一种利己主义、一种自我封闭，因为它滋生出了心灵的平庸。毫无野心地生活在一个充斥着野心的世界里，意味着要去爱某个事物本身，不去寻求任何的回报或结果。而这是极其困难的，因为整个世界，你所有的亲友，每一个人都在努力去成功，去有所作为。然而你应当认识野心并且摆脱它的束缚，去做你真正热爱的事情——无论它是什么，无论它是多么的低贱、不为社会所认可——我觉得，只有这样才能唤起一种伟大的精神，一种不去寻求所谓的认可和报偿的精神，一种只为了事情本身而去那么做的精神，也只有这样，你才可以充满力量和能力，不被平庸所束缚。

我认为，重要的是要在年轻的时候便明白这一点，因为杂志、报纸、电视和电台不断地渲染着对于成功的崇拜，并由此鼓励那些会让心灵变得平庸的野心和竞争。当你野心勃勃时，你只是在适应某种特殊的社会模式，无论是在美国、俄国还是在印度，于是你便会活在一个极为肤浅的层面上。

在我看来，当你离开中学、步入大学、尔后面对整个世界时，重要的是不要去屈从，不要向各种影响低下你那高贵的头颅，而是用一颗友善、温柔的心灵，以一种巨大的内心力量去直面和认识所有这些事情的本质，去理解它们的真正意义及价值，只有这样才不会给世界带来进一步的无序。

所以，我认为，一所真正的学校应当通过其所培养的学生给世界带来福祉。世界需要福祉，它正处在可怕的境地中。只有当作为个体的我们不去寻求权力，不企图实现个人的野心，清楚地认识到我们所面临的巨大问题，这种福祉才会到来。这要求大智慧，它意味着说，一个不依照任何特定的模式去思考的心灵，其本身便是自由的，也因此能够去发现何为真理并将谬误抛在一边。

13. 舍弃自我

　　我确信我们每一个人都在某些时候感受过非凡的宁静之美，那绿草如茵的旷野，那渐渐西沉的落日，那波光如镜的水面，那白雪皑皑的山峦，这些景象让我们领略到了美。然而美是什么呢？美，仅仅是我们所感觉到的欣赏、赞叹，还是一种感知以外的事物呢？假如你衣着打扮很有品位，假如你运用色彩和谐恰当，假如你举止高贵，假如你说话轻声细语、站立时腰杆笔直，那么所有这些都会产生出美来，不是吗？然而这只是一种内心状态的外在表现而已，就像你所写的一首诗歌或者绘的一幅图画。你可以看到那投射在水面上的绿树的倒影，但没有体验到任何的美感，只是一瞥而过罢了。或者，犹如渔夫一般麻木地看着每日的潮涨潮落，这似乎对你来说并没有多大的意义。但如果你意识到了这类事物的非凡之美，那么你身上便会有神奇的事情发生，你会言不由衷地发出赞叹："这是多么美啊！"是什么带来了这种内心的美的感受呢？

　　显然，要想在内心拥有这种美的感受，就必须得有彻底的舍弃，没有任何被掌控、约束、防备和抵制的感觉。但是，假如舍弃中没有伴以节俭和苦行，那么舍弃就会是混乱无序的。我们知道节俭指的是什么吗？知道满足于微薄之物，不去想所谓的"更多"指的是什么吗？必须要有这种伴以内在节俭的舍弃——节俭是一种非凡的简单，因为心灵无所欲求，不去思考所谓的"更多"。它是一种脱胎于舍弃的简单，而舍弃会带来富有创造力的美的状态。但倘若没有爱的话，那么你便无法实现简单和节俭。你可以谈论到简单和节俭，但假若没有爱，那么它们就仅仅是某种形式的强制，因而也就没有所谓的舍弃。只有彻底地舍弃了自我、忘却了自我，但同时又怀有爱，才会带来一种富有创造力的美的状态。

显然，美包括有形式上的美。但倘若没有内在的美，而只是在感官上去欣赏形式之美，那么这只会导致衰退和瓦解。只有当你对他人、对地球上的一切怀有真正的热爱时，才会有内在的美出现，伴随着这种热爱，你才能感受到体谅、警觉和耐心。你或许拥有一名歌手或诗人的完美技巧，你或许知道如何去绘画或遣词造句，但假如没有这种内在的富有创造力的美，那么你所拥有的这些天赋便毫无意义。

不幸的是，我们大多数人都正在变成单纯的技师。为了谋生，我们通过各类考试，获得这样或那样的技术。然而，在不重视内心状态的情况下去获得技术或者发展能力，只会给世界带来丑陋与混乱。假若我们唤醒那种内在的富有创造力的美，那么这种美就会由内而外地显现出来，尔后便会有秩序出现。但是这比获得一门技术要困难得多，因为这意味着要彻底地舍弃自我，没有恐惧、约束、抵制和防备。只有做到节俭时，只有实现内心的简单时，我们才能够做到舍弃自我。从表面上看来我们或许十分简单，比如我们可以仅仅拥有很少的衣物，满足于每日一顿饭食，但这却并不是节俭。当心灵能够无限地体验时——当它有了体验却依然保持着简单时——节俭才会存在。然而只有当心灵不再去想所谓的"更多"时，不再去想所谓的功成名就时，这种状态才能出现。

对你而言，要理解我所谈论的内容或许很困难，但这真的是至关重要的。你知道，技师不是创造者，世界上有着越来越多的技师——那些知道做什么以及如何做、但却并不是创造者的人。在美国研发出了一种计算机器，能够在几分钟之内便解决一个人要耗费百年方能解答的数学难题。这些非凡的机器不断被发明出来，然而机器永远都不可能是创造者——而人类正变得越来越像机器了。即使当他们反抗时，这种反抗也是在机器的限制之内，因而也就毫无反抗可言了。

因此，重要的是去探明什么是具有创造力的。只有当你懂得了舍弃时，你才会是有创造力的——这意味着，必须要没有丝毫的强迫感，不会害怕自己未能有所成就，不会担心自己一无所获或者没有达成所愿。尔后便会出现那伟大的节俭、简单以及相伴而来的爱。所有这些便是美，便是创造的状态。

14. 观察心灵

　　你可曾十分安静地坐着，双目紧闭，然后观察着自己思想的活动？你可曾注意过自己心灵的活动——又或者，你的心灵可曾观察过自身的运作，去看看你有哪些想法，你有何种感受，你是如何去看待树木、花朵、飞鸟和他人的？对于一项建议或者新观念你会有怎样的反应？你可曾这样做过吗？假如没有的话，那可真是损失惨重。教育的一个基本目的，便是要去认识一个人的心灵是如何运作的。假若你不知道自己的心灵是如何反应的，假若你的心灵没有意识到自身的活动，那么你就永远无法探明社会是什么。你可以阅读社会学方面的书籍，学习社会科学，但如果你不知道自己的心灵是如何活动的话，那么实际上你将无法理解何为社会，因为你的心灵便是社会的一部分，它便是社会。你的反应，你的信仰，你所穿的衣服，你去庙宇的行为，你所做的以及不会去做的事情，你的所思所想——所有这些便构成了社会，社会复制着在你自己的心灵中所发生的一切。因此你的心灵并非游离在社会之外，并非远离于你的文化、你的宗教、你的各种阶级的划分，远离于无数人的野心和冲突。所有这些便是社会，你就是其中的一部分，不存在一个脱离于社会的"你"。

　　社会总是试图去控制、去塑造年轻人的思想。从你出生的那一刻起，你便开始接受了各种印象和影响，你的父母便开始不断地告诉你该做什么、不该做什么、该信什么、不该信什么。你被告知说存在着神，或者被告诉说没有所谓的神，只有国家和政府，被告诉说某个君主便是先知。从孩提时代开始，这些事情就如同潮水一般向你涌来，将你吞没，这意味着你的心灵——你那颗十分年轻、拥有感受力、充满了好奇和求知欲的心灵，渴望去发现的心灵——正在逐渐地被包围、约束和塑造，如此一来，你就会适应某种特定的社会模式，而不再会是一个"革命者"。由于这种模式化的思考的习性已经在你的身上根深蒂固了，所以即使你有所"反抗"，也是局限于模式之内的反抗。这就犹如囚犯为了能有更好的食物、更多的舒适而去反抗一样——总是会局限在监狱之内。当你寻求着神，或者试图去探明什么是正确的政府时，你总是会局限在社会模式之内。这个模式说道："这是正确的，那是错误的；这是好的，那是坏的；这是正确的领袖；这些是圣人。"所以你的反抗，就像由那些野心勃勃或者非常聪明的人发起的所谓的革命一样，总会被过去所局限。这不是反抗或革命：这只是被拔高的运动，一种在模式之内的更加勇敢的斗争罢了。真正的反抗、真正的革命，是要冲破模式的束缚去探寻模式以外的世界。

你知道，所有的变革者——他们是谁无关紧要——都只是关心提高监狱内的条件罢了。他们永远不会告诉你不要去顺从，他们永远不会说："打破传统和权威的高墙，摆脱那些束缚心灵的种种限制。"而这才是真正的教育：不是仅仅要求你去通过各类你不得不仓促应对的考试，或者去写出你背诵于心的各种术语和条款，而是要帮助你看到那堵囚禁着心灵的高墙。社会影响着我们所有人，它不断地塑造着我们的思想，而这种来自外部社会的压力正逐渐地向内部转化着。然而，无论它渗透得多深，它都依然只是源于外部，只要你不去突破这种限定，就永远不会有内在压力这样的事物出现。你必须要知道自己所想的是什么，无论你是作为一个印度教教徒、穆斯林还是基督徒，你都要知道，你是在自己碰巧所从属的宗教的层面上进行思考的。你都必须要意识到你相信什么，不信什么。所有这些便是社会的模式，除非你意识到了这一模式并且突破了其束缚，否则你便是一个囚徒，尽管你或许以为自己是自由的。

然而你知道，我们大多数人所关注的都只是监狱之内的反抗：想要更好的食物，更多的光亮，更大的窗户，以便我们能够看到更多一点的天空。我们所关心的是贱民们是否应当进入庙宇。我们希望压迫这一特殊的阶级，而在对一个阶级进行打压的过程中，我们创造出了另一个阶级，一个"更为优等的"阶级。所以我们依旧是囚徒，在监狱里毫无自由可言。自由存在于监狱的高墙之外，存在于社会模式的高墙之外。要摆脱社会模式的束缚获得自由，你就必须要认识到它的全部内容，也就是说必须要认识你自己的心灵。正是心灵创造出了当前的文明，创造出了这种为传统所束缚的文化或社会，倘若没有认识你自己的心灵，而只是发起以共产主义、社会主义或其他意识形态为旗帜的反抗，那就会毫无意义。这就是为什么认识自我、意识到你所有的活动、你的思想和情感是如此的重要了。这才是教育，不是吗？因为，当你完全意识到了自我时，你的心灵就会变得具有非凡的感受力和高度的机敏了。

你尝试一下这样做——不是在遥不可及的未来的某一天，而是就在明天或者这个下午。如果房间里人太多或者家里十分拥挤的话，可以走出家门，找到一棵大树坐在下面，或者坐到河堤旁，然后静静地观察你的心灵是如何活动的。不要试图纠正它，不要说："这是对的，那是错的。"就只是观察，如同在观看一部影片那样。当你走进电影院时，你自己并未参演该影片，男女演员们出演着影片，而你只是观看。用同样的方式去观察你的心灵是如何活动的。这会非常的有趣，要比任何一部影片都有趣得多，因为你的心灵占据了整个世界，它包含了人类所经历的一切。你理解了吗？你的心灵便是人类，当你感受到这一点时，你就将拥有一种深厚宽广的悲悯情怀。从这种理解中会产生出伟大的爱，尔后，当你看到可爱的事物时，你将会明白，那便是美。

15. 纯净的信心

　　我们已经讨论了类似监狱内的反抗这样的问题：所有的变革者、理想主义者以及那些不断忙着想要达成某个结果的人，其实一直都是在他们自己有限的圈子内反抗着，在他们自己的社会结构的高墙之内，在代表群众意愿的文化模式之内反抗。我认为，假如我们能够明白信心究竟为何物以及它是如何产生的，那么所有这些变革和反抗才会是有价值的。

　　信心源于开创精神，但局限于模式内部的开创精神只会带来对自我的信心，这与"无我"状态的信心是截然不同的。你知道拥有信心指的是什么吗？你用自己的双手去做某件事情，比如栽种一棵树，然后养护它茁壮成长，比如画一幅画或是写一首诗，又或者，当你长大时去修建一座桥梁或是在某个行政职位上做得十分出色，那么这就会给予你能够去做某件事情的信心。然而，正如我们所知道的那样，信心始终受到桎梏，而这个桎梏便是社会——无论是共产主义的、印度教的还是基督教的社会——在我们周围所筑的牢狱。牢狱之内的开创精神的确会产生某种信心，因为你觉得自己能够做某事：能够设计一台发动机，能够成为一名非常优秀的医生、一个杰出的科学家，诸如此类。然而伴随着这种在社会内部取得成功、发起变革或装饰牢狱内部的能力而来的信心感，实际上是一种对自我的信心。你知道你能够做某些事情，你在做事情的过程中感觉到了自己的重要性。可是，当你通过探究、通过认知而从那个你所置身其中的社会结构里突围而出的时候，就会出现另一种截然不同的信心，这种信心完全没有任何妄自尊大的感觉。我认为，假若我们可以认识到这二者之间的差别——对自我的信心与"无我"状态的信心之间的差别——这将会给我们的生活带来重大的意义。

当你精于某项运动，比如保龄球、板球或是足球时，你会拥有信心，不是吗？这让你感觉自己擅长于此项运动。假如你解答数学难题时十分迅捷，那么这同样会滋生出一种对自我的信心。当信心源于社会结构内部的行为时，伴随该信心而来的总会有一种莫名的傲慢自大，不是吗？假如一个人能够做某件事情，能够达成某个结果，那么他的信心总会沾上一层傲慢自大的色彩，总是会有种沾沾自喜的感觉，不断对自己或他人强调说："这是我做的。"所以，就在这种达成某个结果的行为中，就在这种于监狱内部带来某种社会变革的行动中，会产生自负和傲慢，会有如下的感觉——"我"做了此事，"我的"理想是重要的，"我的"团队取得了成功。这种"我"和"我的"的感觉，总是会伴随着在社会这座监牢里表现着自己的信心而来。

你难道不曾注意到理想主义者们是多么傲慢自大吗？那些带来了某种结果，取得了重大变革的政治领袖们——你难道没有注意到他们的自我因其理想和成就而变得有多膨胀吗？在他们自己的价值评判里，他们是极为重要的人物。读几篇政治讲稿，观察几位自称是改革者的人，你会发现，就在变革的过程里，他们培养起了自己的自负。他们的变革，无论多么广泛，都仍然只是局限于监牢内部，因此是破坏性的，并最终给人类带来更多的苦难和冲突。

倘若你能够洞察这整个的社会结构，这被我们称为文明的集体意愿的文化模式——倘若你能够理解所有这一切并摆脱其束缚，打破你所从属的社会这座监牢的高墙，无论是印度教的社会、共产主义社会还是基督徒的社会，你便会发觉将出现一种没有被傲慢自大所污染的信心。这是一种纯净无邪的信心，就像一个完全纯洁的孩童在尝试着某件事情时所具有的那种信心。正是这种纯净无邪的信心会带来一种崭新的文明，然而，只要你继续待在社会模式之内，那么这种纯净的信心便无法形成。

请务必仔细地聆听，讲演者丝毫也不重要，真正重要的是你要去理解所说的这些内容蕴含的真理。因为，这便是教育，不是吗？教育的作用，不是使你去适应社会模式，相反，它应当帮助你去彻底、深刻、完整地理解社会模式并突破其束缚，只有这样，你才能避免成为一个傲慢自大的人，而是拥有纯净无邪的信心。

我们几乎所有人都只关心着如何去融入、适应这个社会，又或者如何去改革社会，这难道不是一种巨大的悲哀吗？你是否注意到你所询问的大部分问题都反映了这种态度呢？实际上你正在说的是："我怎样才能够适应社会呢？假如我不这么做的话，我的父母会说些什么呢？我身上会发生什么事情呢？"这样的一种态度摧毁了你所怀有的任何信心、任何开创精神。于是当你离开了中学和大学时，你就如同一台高效的自动化机器，身上没有一丝富有创造力的激情之火。这便是为什么认识你所生存的社会和环境，并在认识的过程中摆脱其束缚是如此的重要了。

你知道，这是全世界都在面临着的一个难题。人类正在寻觅着关于生活的新解答、新途径，因为旧有的方式正在腐烂，无论是在欧洲、在俄国还是在这儿。生活是一场持续的挑战，而只是努力去带来一个更好的经济秩序，并不是对该挑战的全部回应。挑战是常新的，当文化、民族和文明都无法对崭新的挑战做出回应时，它们便会被毁灭。

除非你受到了正确的教育，除非你拥有了这种非凡的、纯净无邪的信心，否则你不可避免地会被集体所吞没，会迷失在平庸之中。你将沽名钓誉，你将结婚生子，而这一切按部就班的例行公事则会成为你人生的终结。

你知道，我们大多数人都深感恐惧。你的父母、你的老师、政府和宗教都害怕你变成一个完整的个体，因为他们全都希望你安全地待在这座由环境和文化的影响所铸成的监牢里面。然而，只有那些通过认识社会的模式而摆脱了其束缚的人，那些不被自身心灵的各种条件和局限所围的人——只有这样的人才能够带来一种崭新的文明，而不是那些只懂得去顺从或者因为自己被某种模式所塑造于是便去反抗另一种模式的人。对神、对真理的寻求，不会存在于监牢之内，而存在于对监牢的认识并继而打破那围困起自己的四面高墙——而这种通往自由的行动则会创造出一种崭新的文化、一个不同的世界。

16. 自在与安全

久旱逢甘霖是一件非凡的事情，不是吗？雨水将树叶荡涤干净，大地焕然一新。我认为，我们应当把自己的心灵也彻底洗刷干净，就像那树木经由雨水冲刷一样。我们的心灵负重累累，积满了几个世纪的灰尘，这些灰尘便是我们所谓的知识和经验。假如你我每天都能把心灵打扫一遍，让它摆脱昨日往事的束缚，那么我们每一个人便都将拥有一个鲜活的心灵，一个能够应对诸多生存问题的心灵。

现在，一个困扰着世界的重大问题便是所谓的平等。从某种意义上来说，并不存在平等这样的事物，因为我们各人能力不同，但我们是在所有人都应当被同等对待这个含义上来谈论平等的。例如，在一所学校里面，校长、老师和家长这些分工，都只是工作、职务。然而，你知道，伴随着某些工作或职务而来的便是所谓的身份，而身份是被格外看重的，因为它代表了权力和名望，它意味着处在一个能够责备他人、命令他人、能够给自己的亲友提供工作的位子上，所以身份会伴随着职务而来。但如果我们能够清除身份、权力、地位、名望、给他人谋得好处所有这些想法，那么职务便会有一个截然不同的、简单的含义了，不是吗？尔后，无论人们从事的是何种职务，无论是政府官员、总理、厨师还是贫穷的老师，都将得到同样的尊敬，因为他们全都在社会中发挥着作用，尽管这些作用各不相同，但却有着同等的必要性。

假若我们真的能够把权力、地位、名望、"我是头儿，我很重要"

的感觉从职务中清除的话，你知道将会发生什么吗？尤其是在一所学校里头，我们将会生活在一种截然不同的氛围里，不是吗？将不会再有孰高孰低、孰重要孰卑微意义上的争斗，所以便会有自由存在。我们应当在学校中创造出这样的一种氛围，一种其间有爱存在的自由的氛围，一种每个人都能感觉到巨大信心的氛围，这是非常重要的。因为，你知道，当你感到彻底的自在和安全时，便会有信心出现。假如你的父母、你的祖父母不断告诉你该做什么，以至于你逐渐失去了凭借自己的力量去做任何事情的信心，那么你在自己的家中还会感到轻松自在吗？随着年龄的增长，你必须能够去讨论、去探明你所想的是否是正确的并且坚持它。你必须能够去坚持那些你认为是正确的事情，即使这会带来痛苦和磨难，会让你损失钱财甚至倾家荡产。所以，当你年轻的时候必须要能感受到彻底的安全和自在。

大多数年轻人都没有感觉到安全，因为他们为恐惧所困扰，他们害怕自己的父母和老师，所以他们从未真正感到过自在。然而，当你真的感到了自在时，将会有非凡之事发生。当你能够走进自己的房间，锁上门，独自一人待在那儿，没有他人注意你，没有人告诉你该做什么，你将会感到彻底的安全。尔后你开始成熟、开始认识并且毫无掩饰地展现自己。帮助你去展现自己正是学校的作用。假如它没有帮助你去展现自己，那它就有愧于学校这一称号。

当你在某处感到自在、感到安全，感到没有被打压、被强迫着去做这做那，当你感到非常的快乐、彻底的自在，那么你就不会调皮捣蛋了，不是吗？当你真正快乐时，你不会想去伤害任何人，你不会想去破坏任何事。然而要使学生感到彻底的快乐是极为困难的，因为当他来到学校时，他知道校长、老师和家长都将告诉他该做什么，将摆布他，因此便会有恐惧存在。

你们大多数人都来自那些教育着你要去看重身份的家庭或学校。你的父母有身份，校长有身份，于是你带着恐惧来到这里看重身份。然而我们必须要在学校里创造出一种真正自由的氛围，而只有当职位不再同身份挂钩时，当大家能够感受到平等时，这种氛围才会出现。正确的教育真正应该关注的，是去帮助你成为一个富有生机、富有感受力的人，一个不会感到恐惧的人，一个不会错误地去对身份顶礼膜拜的人。

17. 让心自由

　　有天早晨，我看见一具被人抬着去焚化的尸体。尸体上裹着浅红色的布，被四个人扛着，随他们的走动一起一伏。我想知道，当人们看到一具尸体时会有何感想？你难道不好奇为什么会有衰亡吗？你买了一辆崭新的汽车，几年之后它就逐渐报废了，人的身体也同样会如此。但是你难道不想进一步地探询和查明心灵为什么会退化吗？人的肉体迟早都会死亡，然而我们大多数人的心灵却早都已经没有了生机。衰退已经发生了，为何心灵会退化呢？身体之所以会衰退，那是因为我们不断地在使用它，于是身体的各个器官会被耗损殆尽。疾病、事故、年迈、恶劣的食物、有缺陷的遗传基因——这些便是导致肉体衰退和死亡的因素。但为什么心灵也会退化，也会变得老迈、沉重和迟钝呢？

　　当你看到一具尸体时，你从不曾有过好奇？尽管我们的身体必定会衰亡，但心灵难道也应该退化吗？你从来没有生出过这个疑问吗？因为心灵确实在退化——我们不仅能够从老年人身上察觉到这一点，而且在年轻人的身上也看到了该迹象，我们在年轻人身上看到心灵是怎样变得迟钝、沉重和缺乏感受力的。假如我们能够探明心灵衰退的原因，那么或许我们便将发现某种真正不会毁灭的事物。我们可以理解什么是永恒的生命，这种生命没有终止，不为时间所囿，这种生命不会腐败，不会像那被抬到河边的石梯，尔后被烧掉的身体一样以衰亡告终。

　　为什么心灵会退化呢？你可曾思考过这一问题吗？由于你依然十分

年轻——假如你的社会、你的父母以及整个环境尚未使你变得迟钝和麻木——那么你就还拥有一颗鲜活、热情与好奇的心灵。你想知道为什么天幕上会有星辰闪耀，为什么鸟儿会死亡，为什么树叶会飘落，飞机是如何翱翔于蓝天的，你想知道的事情是如此之多。然而这种想要去探询、查明的急迫之情很快便会遭到扼杀，不是吗？它被恐惧、被传统的压力、被我们自己缺乏面对生活这一非凡之物的能力扼杀了。你难道没有注意到你的热情多么快地就因一句严厉的话语、一个轻蔑的姿势，就因对于考试的恐惧或者父母的威胁而熄灭了吗？这意味着你的感受力已经被搁置在了一边，心灵变得迟钝起来。

迟钝的另一个原因便是模仿。传统使得你去模仿，过去的压力迫使你去顺从，去俯首帖耳。由于顺从，心灵感到了安全，它把自己束缚在陈规俗套的窠臼之中，如此一来它便能够没有任何干扰、没有一丝质疑地顺利运作了。观察一下你周围的成年人，你将发现他们的心灵不希望被扰乱。他们渴望安宁，即使是死亡的安宁，但真正的安宁却是截然不同的事物。

你难道没有注意到，当心灵把自己束缚在了陈规俗套的窠臼中时，它总是会被对于安全的渴望所鼓动吗？这便是为什么它会效仿某个榜样，追随某个权威。它希望获得安全感，希望不被干扰，于是它便去模仿。当你在历史书里读到那些伟大的领袖、圣人或勇士的事迹时，你难道没发觉自己渴望去效仿他们吗？你会生出一种效仿那些伟大人物的本能，你试图变得跟他们一样，这便是衰退的原因之一，因为心灵会将自己困在一个模式里头。而且，社会也不希望个体变得机警、敏锐、富有革命精神，因为这样的个体不会去适应那已经确立的社会模式，而是会想方设法突围而出。这便是为什么社会渴望将你的心灵控制在它的模式之中，这便是为什么你们所谓的教育会鼓励你去模仿、去顺从、去亦步亦趋。

心灵能够停止模仿吗？也就是说，它能够停止去养成习性吗？已经被习性所困的心灵，能否摆脱习性的束缚呢？

心灵是习性的产物，不是吗？它是传统的结果，是时间的结果——时间是重复性的，是过去的延续。心灵、"你的"心灵，能否不再去思考已经发生的以及将要发生的？因为将要发生的实际上只是已经发生的投射而已。你的心灵能否摆脱习性的束缚，能否从制造习性中解脱出来呢？倘若你非常深入地去探究这一问题，你将发现答案是肯定的。当心灵更新着自己，不去形成新的模式和习性，不再落入模仿的窠臼之中，那么它便会保持着鲜活、年轻和纯净，因而能够拥有无限的理解力。

对于这样的心灵而言，不存在所谓的死亡，因为不再有某种累积的过程。正是累积的过程制造出了习性和模仿，因为一个进行着累积的心灵会衰退、会死亡。而一个不去累积的心灵，一个每时每刻都更新着自己的心灵则是不会死亡的，它处在一种无限的空间的状态中。

所以心灵必须要漠视它所累积的一切——漠视所有的习性和被模仿的美德，漠视它为了寻求安全感而去依赖的所有事物，尔后它便不会再困于它自己的思想的巢穴之中。在每时每刻将过去刷新的过程中，心灵会变得鲜活，因此它永远不会退化或者被黑暗的潮水所吞没。

18. 超越枯寂之生

我不知道你在走路时是否注意过河边一个又长又窄的池塘？它同江河并不相连，肯定是渔夫将它开掘出来的。河水又深又宽，水流平稳，然而这个池塘却积满了浮垢，里面也没有鱼儿游弋，因为它没有同那条有生命的河流联系在一起。这是一个停滞的池塘，而那条深深的河流却汩汩流淌着，充满了生命与活力。

你难道不觉得这便是我们人类的缩影吗？他们给自己挖掘了一个远离生命激流的小池塘，然后在那方小小的池子里头，他们停滞并死亡——我们将这种停滞和腐烂美其名曰为生存。也就是说，我们全都希望存在一种永恒的状态；我们全都怀有某种永远存续的欲望，我们渴望无穷无尽的欢愉。我们凿开一个小洞，然后将自己困在其中，而我们的家庭、我们的野心、我们的文化、我们的恐惧、我们的神灵、我们各种各样的崇拜便是横在洞口的一道道障碍，尔后我们死去，任由生命流逝——这生命是暂时的，迅捷变化的，它拥有广博的深度，拥有非凡的活力与美。你应该能够注意到，假如你静静地坐在河堤上，你会听见河流的歌声——河水拍打堤岸的声音以及水流的涌动之声，河流总会给人一种运动的感觉，一种朝向更宽、更深之域的非凡的运动。但是，在那方小小的池塘里却没有一丝波澜，里面的水是停滞的。如果你观察一下，会发觉我们大多数人所要的却是那远离生命、狭小而停滞的池塘。我们声称我们那个生存之池是正确的，我们发明了某种哲学来证明它的合理性；我们发展了社会的、政治的、经济的和宗教的理论来对其予以支撑，我们不希望被扰乱，因为，你知道，我们所追求的是一种永恒感。

你知道追寻永恒指的是什么吗？它意味着我们希望获得那种存续的愉悦，那种不会迅速终结的愉悦。我们想让自己的名字为众人所知，然后通过家族、通过财产延续下去。我们想在我们的各类关系里、在我们的活动里得到一种永恒感，这意味着我们在一个停滞不前的池塘里寻觅着永恒的生命。我们不希望那儿有任何真正的改变，于是我们便建造了一个确保我们的财产、名望能够永恒的社会。

但是你知道，生命完全不是这样的。生命不是永恒的，就像那从树上飘落下来的叶子一样，所有的事物都是暂时的，没有任何事物会永远存续下去，总会有变化与死亡。你可曾注意过一株光秃秃的树木立在天幕之下，它是多么壮美啊！所有的树枝都轮廓分明地呈现着，它的赤裸里谱写着一首诗歌，流淌着一支曲子。每一片叶子都飘落了，它正等待着春回大地。当春天来临时，它的枝头会吐露新绿，而到了秋天，树叶又会再度飘落。这便是生命的轨迹。

然而我们不希望事情是那样的。我们依附于我们的孩子，依附于我们的传统、我们的社会，依附于我们那小小的德行，因为我们渴望永恒，这便是为什么我们会如此害怕死亡，我们害怕失去那些我们所知的事物。但是生命不会如我们所希冀的那样，生命根本不是永恒的。鸟儿会死亡，积雪会融化，树木会被砍伐或者被风暴吹倒，诸如此类。但是我们希望那些令我们感到满意的事物能够永恒不朽，希望我们的地位、我们凌驾于他人之上的权威能够永远存续下去。我们拒绝去接受生命真实的模样。

事实是，生命如同河流：永不止息地向前推进着，一直在寻觅和探索，漫过它的堤岸，河水渗透进河堤的每个裂缝里。然而，你知道，心灵不会允许这样的事情发生在自己身上。心灵发觉活在一种暂时的、不安全的状态中是一种危险、一种冒险，于是它便在自己周围竖起了一堵堵高墙：传统的壁垒、组织化的宗教的壁垒以及政治理论和社会理论的壁垒。家庭、名声、财产、我们所培养起来的那些小小的美德——这些都在壁垒之内，远离了那鲜活的生命。生命是运动的、暂时的，它不停地试图去渗透、去突破这些壁垒，而高墙的背后便是混乱和苦难。高墙之内的神灵全都是虚构的神灵，他们的著作和哲学毫无意义，因为生命超越了这一切。

一个没有限制的心灵，一个没有为自身的获得、累积和知识所累的心灵，一个永生的心灵——对于这样的心灵来说，生命是一个非凡之物。这样的心灵便是生命本身，因为生命没有休憩之所。然而我们大多数人都希望有一个休憩之地，我们想要房屋、名声或某个职位，我们声称这些东西非常重要。我们需要永恒，并创造了一种基于这一需要的文化。我们虚构出了神灵，它们根本就不是什么神灵，而只是我们自身欲望的一种投射。

一个寻觅着永恒的心灵很快便会停滞不前，就像河边的那个池塘一样，不久它便会藏污纳垢、腐败丛生。只有那不设篱笆的心灵，只有那不固守于某一点、没有障碍、没有休憩之所的心灵，只有那彻底随生命而动的心灵，只有那永远在向前推进和探索的心灵——只有这样的心灵才能够是快乐的、常新的，因为它本身便具有创造力。

你理解了我所说的吗？你应当理解，所有这些都是真正教育的组成部分。当你懂得了这一点时，你的整个生命将发生转变；你与世界的关系，你与邻里、配偶的关系，便有了完全不同的意义。尔后你就不会努力去通过获得某物来使自己得到满足，因为你明白，对满足的追逐只会带来悲伤和苦难。这便是为什么你应当向你的老师询问和讨论一下所有这些疑惑和问题。假若你认识到了这一点，你便已经开始去理解生命所蕴含的真谛，而在这种理解中，会有伟大的美与爱，会绽放出善之花。然而，一个心灵为了寻求安全和永恒的池塘所做的种种努力，只会通往黑暗与腐败。一旦心灵在池塘里安居下来，它就会害怕去冒险、去寻觅、去探索，然而真理、神和实相却存在于池塘之外。

你知道信仰是什么吗？它不在圣歌里，它不在任何仪式里，它不在对锡制或石制的神像的膜拜里，它不在庙宇和教堂里，它不在对《圣经》的阅读里，它不在对一个神圣名字的反复念诵里，不在对那些由人类发明出来的迷信的遵从里。这些全都不是宗教。

信仰是感受善，是感受爱，它犹如那条河流，是鲜活的、永不停息的。在这种状态里，你将发觉会出现一个不再有任何探求的时刻，而这种探求的终结便是某个迥异之物的开始。对神的探求，对真理的探求，彻底地感受善——不是培养善、培养人道主义，而是寻觅着某种超越了心灵的发明和技巧的事物，这意味着感觉到该事物，在它里面生活，成为它——这才是真正的信仰。然而，只有当你离开了那个你为自己开掘的池塘，步入到生命的河流里，你才能够拥有真正的信仰。尔后生命便会带领你去往任何它愿意去到的地方，因为你就是生命本身，之后不会再有所谓安全感的问题，不会再有种种纠结不清的问题，这便是生命之美。

19. 从已知中解脱

我想知道你们中有多少人注意过昨晚的彩虹？那时雨过天晴，彩虹跃然而出，它看起来是如此之美，令人喜不自禁，油然而生一种大地广博壮美之感。想要传达这种喜悦，一个人就必须要有关于词语的知识，要有正确的语言的节奏和美感，不是吗？然而，更为重要的则是要感受到喜悦本身，感受到那种伴随着对美好事物的深刻赞叹而来的狂喜本身，这种感受无法通过单纯的知识的培养或记忆而被焕发出来。

你知道，我们必须拥有去表达、去告诉别人某些事情的知识，而要培养知识，就必须要有记忆。没有知识，你无法驾驶一架飞机，无法修建一座桥梁或者一栋可爱的房子，无法建造道路，无法照看树木或动物，无法去做一个文明之士必须要做的许多其他事情。想要发电，想要在不同的科学领域工作，想要通过药物帮助人类，诸如此类——你就得拥有知识、信息和记忆，于是获得尽可能最好的教育便成为必需。所以你应当拥有一流的老师向你提供正确的信息，并帮助你掌握关于各类学科的全面知识，这是极为重要的。

然而你知道，虽然知识在一个层面上是必须的，但在另一个层面上它则成了一种障碍。我们可以获得大量有关物质存在的知识，而且这方面的知识一直都在增加着。拥有这类知识并且将其用于造福人类，这是极为重要的。然而，难道不存在另一种心理层面的知识，一种阻碍了我们去发现真理的知识？因为，知识是传统的一种形式，不是吗？而传统则是记忆的培养。机械事务方面的传统是必须的，然而当传统被用作了指引人心的一种手段时，它就会成为阻碍我们去发现那些更为伟大的事物的绊脚石。

在日常生活里，我们依赖机械方面的知识和记忆。倘若没有知识，我们便无法去驾驶汽车，无法做许多事情。但是当知识变成了一种传统，一种指引心灵和灵魂的信仰时，它就会是一种障碍，它同样会让人类发生分裂。你是否注意过全世界的人们是如何被划分为诸如印度教徒、穆斯林、佛教徒、基督徒等各种群体的吗？是什么将他们分隔开来的？不是科学的探究，不是有关农业的知识，也不是有关怎样去修建桥梁或者驾驶喷气式飞机的知识，将人们分隔开来的是传统。

所以，当知识已经成了一种将心灵围于某种特定模式的传统时，它就会是一种障碍，因为它不但会让人们分隔，而且还会制造人与人之间的敌意，并且妨碍对真理、生命和神的深入探究。要想发现神是什么，心灵就必须摆脱被当作心理防护的所有传统、累积和知识的束缚。

教育的作用，是要提供给学生各个领域的充分知识，并同时使他的心灵摆脱所有传统的束缚，以便他能够去探究、去查明、去发现，否则心灵就会成为一部背负着各种知识的沉重机械。除非心灵不断地将自己从对传统的累积中解放出来，否则它便无法去发现那永恒的终极真理。但显然它必须获得广博的知识与信息，如此一来它才能够去应对人类的各种需求以及必须要去制造的事物。

所以，知识作为一种记忆的培养，在一定层面上来说是有用的和必需的，但在另一个层面上则是有害的。认识到这种区别——明白知识在何处是毁坏性的、必须要被搁置，在何处又是不可或缺的、必须被允许去尽可能广泛地发挥作用——便是智慧的开始。

而教育领域的现状是怎样的呢？你正在被给予了各种知识，不是吗？当你进入大学时，你可以成为一名工程师、医生或者律师，你可以拿到数学或其他专业的博士学位，你可以攻读家政学，学习如何去经营一个家庭，如何去烹饪，诸如此类。但是没有人帮助你去摆脱所有传统的束缚，以便从一开始你的心灵便是鲜活的、热切的，并因而能够始终去发现全新的事物。你从书本里所获得的哲学、理论和信仰，成了你的传统，它们实际上是心灵的绊脚石，因为心灵把这些事物当作了寻求内在安全感的一种手段，于是也就为它们所局限。所以，不仅要使心灵摆脱所有传统的束缚，同时还要培养知识和技术，两者都是必需的，这便是教育的作用。

困难在于要使心灵从已知中解放出来，以便它始终能够去发现新鲜的事物。一位伟大的数学家曾经谈到过他是如何一连数天去解一个难题，但却无法寻到答案。一天早上，当他像往常一样散步的时候，他突然发现了答案。发生了什么呢？由于他的心灵当时十分的宁静，于是便没有任何束缚地去看待那一难题，而问题本身就显露出了答案。一个人必须要拥有关于某个问题的信息，但心灵则必须从这些信息中解放出来去找到答案。

我们大多数人学习事实，积累信息或知识，但心灵从未学习着如何宁静，如何从生命的所有混乱中解放出来，从问题所扎根的土壤里解放出来。我们加入各类社团，拥护某种哲学思想，沉迷于某个信仰，然而所有这些都是毫无用处的，因为这些行为并没有解决我们人类的问题，相反却带来了更大的苦难、更多的悲伤。我们所需要的，不是哲学、不是信仰，而是一颗富有创造力、能够自由地去探究、去发现的心灵。

　　你仓促地去应对各类考试，你积累了大量的信息，然后将它们全部写在试卷里、写在论文上去获得一个学位，希望能找到一份工作，希望能结婚生子；这就是你的生活的全部吗？你已经获得了知识和技术，然而你的心灵却并不是自由的，所以你变成了生存体系的一个奴隶——实际上这便意味着你不是一个具有创造力的人。你可以生儿育女，你可以涂鸦或者写几首打油诗，但显然这并不是创造。必须首先要有一个能够自由地去创造的心灵，尔后技巧才能够被运用去将这种创造力表达出来。然而，倘若没有一个具有创造力的心灵，没有伴随着对真理的发现而来的非凡的创造力，单纯地拥有技巧便是毫无意义的。不幸的是，我们大多数人都对这种创造力一无所知，因为我们让自己的心灵背负了知识、传统和记忆，背负了佛陀、马克思或其他某个人的言论。但如果你的心灵能够自由地去发现何为真理，那么你将看到会出现一种丰富，它完整而充分、不会腐坏，而在这种丰富中会有巨大的喜悦。尔后，一个人所有的关系——与人的关系、与理念的关系、与各种事物的关系——便会具有一种截然不同的含义了。

20. 什么是美

那片繁花点点的绿地以及在它上方吹拂而过的微风，是多么的令人愉悦啊，不是吗？这便是我昨晚所观赏到的一幅美景，当一个人感受着乡间这非凡的美与宁静时，他无疑会问自己美为何物。当我们看到某个事物时，脑海里会出现诸如优美或丑陋、愉悦或痛苦等直接的反应，于是我们便将这种感觉组织进了词语，说道"这很美"或者"这很丑"。然而，重要的并不是愉悦或痛苦，而是同万物的交流，是对丑陋和美丽都具有感受力。

那么，什么是美呢？这是最基本的问题之一，它绝不是一个肤浅的问题，所以切勿对其漠视不理。认识到美是什么，感受到当一个人彻底地自在时、当他的心灵与思想毫无阻碍地同某个优美之物交流时所出现的那种善——显然，这在生命中具有非凡的意义。除非我们懂得了这种对美的反应，否则我们的生命便将流于肤浅。一个人可以被伟大的美所包围，被群山、田野、河流所包围，然而，除非他意识到了这一切的美，否则他就跟行尸走肉无异。

女孩们、男孩们，那些成年人只是把这个问题丢给了你：什么是美？整洁的衣着、真诚的微笑、优雅的姿势、有节奏的步伐、别在发际的花朵、彬彬有礼的举止、清晰的口齿、周到的考虑、包含着守时在内的对他人的体贴——所有这些都是美的组成部分。然而这一切只是流于表面的美，不是吗？是否还有比这更为深刻的美呢？

有形式之美、设计之美和生命之美。你可曾观察过一株枝繁叶茂的大树所具有的葱郁蓬勃之美？你可曾欣赏过一棵立于天幕之下的光秃秃的树所呈现出来的那非凡的凋零之美呢？多么令人赏心悦目啊！但它们全都是某种更为深刻的事物的外在表现。那么，我们所谓的美究竟是什么呢？

你或许面容娇美，五官清朗；你或许衣着品位不俗，举止高贵大方；你或许绘画不错或者文笔很好，但倘若内心缺乏对善的感受，那么所有这些外在的美的表现都将流于肤浅、世故，从而使生活变得毫无意义。

因此我们必须要探明什么是真正的美，不是吗？需要提醒你的是，我并不是在主张我们应当避开美的外在表现。我们大家都应该举止有礼，应该仪容整洁、着装优雅，不去卖弄炫耀，应该守时、口齿清楚，诸如此类。这些事情都是必需的，它们创造出了一种令人愉悦的氛围，然而它们本身并没有太大意义。

正是内在的美将一种高雅与精致赋予了外部的形式和行动，倘若没有了这种内在的美，一个人的生命便会极为肤浅。那么这种不可或缺的内在之美是什么呢？你可曾思考过这一问题？或许你从未想过，你太忙碌了，你的心灵忙于学习、玩乐，忙于谈话、欢笑和相互打趣。假如没有了内在之美，那么外在的形式和行动便毫无意义。所以，正确的教育所肩负的一个职责，便是帮助你去发现什么是内在的美。对于美的深刻理解与欣赏，是你自己生命中不可或缺的部分。

一个肤浅的心灵能否鉴赏到美呢？它或许会谈论到美，但它能够体验到当看着某个真正优美之物时所产生的无尽喜悦吗？当心灵仅仅是关注于自身及其活动时，它体会不到美；无论它所做的是什么，都会是丑陋的、有限的，因此它无法认识到美是什么。然而，一个不关注于自身的心灵，一个摆脱了野心的心灵，一个不为自己的欲望所困、不被自身对于成功的追逐所驱使的心灵——这样的心灵不是肤浅的，它将开出善之花。你理解了吗？正是这种内心的善才能带来美，甚至会让一张所谓的丑陋面容散发出美的光芒。当内心有善时，丑陋的脸孔也会发生转化，实际上内心的善是一种深深的虔诚之情。

你知道什么是虔诚吗？它无关于庙宇的钟声，尽管从远处听去钟声是那么的动听；它无关于礼拜；无关于牧师的仪式以及仪式上的喃喃自语。所谓虔诚，是指对真实具有感受力。你的全部存在——身体、思想和心灵——能够感受到美与丑，感受到那头被系在柱子上的驴子的苦痛，感受到这座城镇里的贫穷和污秽，感受到笑与泪，感受到你周遭的一切。而善和爱便源自这种对整个存在的感受力，倘若没有这种感受力，美就不会存在，尽管你或许天资聪颖、衣着光鲜、坐着昂贵的汽车、干净到一尘不染。

爱是一件非凡之物，不是吗？假如你仅仅去考虑自己的话，那么你便无法去爱——这并不意味着说你必须要去考虑其他人。爱是没有目标的。一个有爱的心灵才是真正虔诚的心灵，因为它处在真实、真理和神的运动中，而只有这样的心灵才能够认识到美是什么。一个不为任何哲学思想所困的心灵，一个不被封闭在任何体系或信仰里的心灵，一个不为自己的野心所驱使、因而具有感受力和机敏度的心灵——这样的心灵才拥有美。

年轻的时候去学习个人仪容的整齐和洁净，学习着一动不动地端坐，学习餐桌的礼仪，学会去体谅他人、学会守时，这些都是非常重要的。

但所有这些事情，无论它们是多么的必要，都只是表面化的。假若你只是培养这些外在的、表面的优美，而没有去理解更为深刻的事物，那么你将永远无法认识美的真正含义。一个不依附于任何国家、群体和社会的心灵，一个没有权威的心灵，一个不为野心所驱使、不为恐惧所掌控的心灵——这样的心灵将会在善与爱中开花结果。因为它处在真实的运动之中，它知道何为美；由于对美和丑都具有感受力，因此它便具有无限的创造力和理解力。

21. 感受单纯的爱

一个身披苦行者长袍的人习惯于每天清晨来到附近的花园里采摘树上的花儿。他的手和眼都贪婪地朝向那些花朵，他把自己够得着的每一朵花都尽收囊中，显然他打算去把这些花儿放到某个石制的神像前。这些花儿可爱极了，在阳光下绽放着那柔嫩的花瓣，然而这个人在采摘它们的时候丝毫也不温柔，而是粗暴地将其撕扯下来。显然他的那位神需要大量的花朵——这些鲜活的生命被毁掉，只为了供给一个没有生命的石制神像。

有一天，我看到一些年轻人在摘花。他们的目的并不是把花儿敬献给某位神灵，他们一边交谈着，一边想也不想地便将花朵给撕扯了下来，然后又将它们丢到一边。你可曾发觉自己也做过这类事情呢？我想知道你为什么会这么做。当你沿着道路行走时，你会折断一根细枝，摘掉上面的叶子，然后将其随手一扔。你难道没有注意到自己曾有过这类欠考虑的行为吗？成年人也会有类似的行径，他们有自己那一套充分暴露出其内心的残忍的方式，那种对于生命的可怕的漠视。他们高谈阔论着所谓的不要给他人造成伤害，然而他们所做的一切却都是毁坏性的。

假如你只是摘下一两朵花儿来插在头发上，或者向心爱的人表达情意，我想这种行为是可以得到人们理解的。但为什么你只是无端地去撕扯那些花儿呢？成年人的野心是极为丑陋的，他们在战争中彼此屠杀以及用金钱来相互腐蚀。他们有自己那一套可憎的行为方式，显然，这儿以及其他地方的年轻人正在步着他们的后尘。

某一天，我同一位男孩一起出外散步。我们看到有块石头横在路上，当我将这块石头搬走时，他问道："您为什么要这么做？"他的发问说明了什么？说明他缺乏对他人的体谅和尊重。你出于恐惧而去尊重他人，不是吗？当一位长者走进屋子里时，你赶紧站起身来，但这并不是尊重，而是恐惧。假如你真的怀有尊重的话，你不会去毁掉那些花儿，你会搬走路上的石头，你会看护树木，你会帮着照看花园。然而，无论我们是年迈还是年轻，我们都不曾怀有真正的对他人的体谅之情。为什么？因为我们不知道什么才是爱。

你知道所谓单纯的爱指的是什么吗？不是性爱的复杂，不是对神的爱，而是一种极为简单的爱，是温柔，是一个人对待周遭一切满怀真正的友善之情。你在家里不会总是得到这种单纯的爱，因为你的父母太忙碌了。在家里或许并没有真正的感情和温柔可言，于是你带着这种缺乏感受力的背景来到了这儿，你的表现就跟其他人一样。一个人怎样才能具有感受力呢？不在乎你必须要制定反对随意摘花的法规，因为当你只是被规定阻止时，便会有恐惧存在。然而怎样才会出现这种能使你时刻提醒着自己不要去伤害他人、动物和花朵的感受力呢？

你对这个感兴趣吗？你应当感兴趣。如果你对于拥有感受力毫无兴趣，那么你就是一具行尸走肉——不幸的是大多数人都是如此。尽管他们一日三餐，有工作，生儿育女，开着汽车，身穿华服，但他们其实跟死了没有太大分别。

你知道有感受力指的是什么吗？显然，它意味着要对事物怀有一种温柔的感情：看到一头动物在受苦时会去做些什么；搬走路上的一块石头，因为会有许多双赤脚走过这里；拾起路上的一枚钉子，因为某人的汽车可能会被戳出一个洞来。具有感受力，是指对他人、对鸟儿、对花朵、对树木都怀有感情——不是因为它们属于你，而仅仅是因为你感受到了事物所具有的非凡之美。那么这种感受力如何产生呢？

在你具有这种深刻的感受力时，你自然不会去任意摘花，同时你的内心还会生出一种不去毁坏事物、不去伤害他人的渴望，这意味着你怀有真正的尊重和爱。而爱是生命中最重要的事物。然而我们通常所说的爱指的又是什么呢？当你因为某个人爱你而作为回报去爱他时，显然这并不是爱。爱，是指怀有一种非凡的情感，而不会去考虑任何的回报。你或许非常聪慧，你或许在考场上一路过关斩将，从而获得了一个博士头衔并且谋到了一份高级职位，但假如你不具有这种感受力、这种单纯的爱的情感，那么你的心灵便将是空虚的，你的余生便将会在悲惨中度过。

所以，对于心灵而言，充满这种爱的感受是非常重要的，因为，如此一来你便不会去毁坏，不会残忍无情，世界上便不会再有战火。然后你将会成为快乐的人，由于你快乐无忧，所以你便不会再去祷告，不会再去寻求神的帮助，因为这种快乐本身便是神。

这种爱怎样才能形成呢？显然，爱必须首先由教育家或老师开始。假如除了提供给你有关数学、地理或历史方面的信息之外，你的老师还能在内心怀有这种爱的情感并且谈论它；假如与此同时他还会挪走路上的石头，不指派仆人们去干所有的脏活；假如在他的言谈、工作和行为里，当他吃东西的时候，当他同你在一起或者独处的时候，他感受到了这一神奇之物并且经常向你指出来，那么你也将会认识到什么是爱。

你或许拥有光洁的皮肤、姣好的面容，你或许身披一条好看的纱丽，你或许是名伟大的运动员，但倘若你的内心没有爱存在，那么你便是一个丑陋之人，而且是丑陋之极。当你内心怀有爱的时候，无论你的脸是美是丑，都会光彩照人。爱是生命中最伟大的事物，谈论爱、感受爱、培育爱、珍视爱是极为重要的，否则不久它便会消失无踪，因为世界是如此的野蛮和残暴。假若你在年少时没有感受到爱，假若你不会满怀爱意地去看待他人、动物、花朵，那么你在成年后将发现生命是如此空虚，你将会非常的孤独，恐惧的阴影会经常尾随你身后。然而，当你心中怀有了这被称作为爱的非凡之物并且感受到了它的深刻、光亮和喜悦时，你就将会发现，对你来说，世界已经焕然一新。

22. 规范与能量

我们最为困难的问题之一，便是所谓的规范的问题，它真的非常复杂。你知道，社会认为自己必须要控制或者规范公民，使其心灵依照某些宗教的、社会的、道德的或经济的模式来被塑造和定型。

规范是绝对必需的吗？请仔细听好，不要立即回答说"是"或"否"。我们大多数人都会认为，尤其是当我们年少之时，不应该有规范，我们应当被允许去做自己喜欢的事情，我们认为这便是自由。然而，倘若没有认识规范的整个问题，仅仅去声称我们应当或者不应当有规范，我们应当有自由，诸如此类，这些毫无意义。

一位优秀的运动员时刻都在约束和规范着自己，不是吗？在运动中获得的喜悦以及保持健康的必要性，使得他很早便会上床就寝、不抽烟、饮食合理、时时留意着有关健康方面的讯息和规定。他对自己的约束和规范不是一种强加或者斗争，而是他热衷于运动的自然结果。

那么规范究竟是会增加还是减少人类的能量呢？全世界的人类，在每一种宗教中，在每一所哲学学院里，都把各种规范强加在了心灵之上，这意味着控制、抵御、调整和压抑，所有这些都是必需的吗？假如规范带来的是人类能量的更大释放，那么它便是值得的，便是有意义的；但如果它只是压抑了人类的能量，它便是极为有害的、毁坏性的。我们每一个人都具有能量，问题在于，这种能量经由规范是变得富有活力、丰富和充分了呢，还是规范会毁坏我们所具有的各种能量呢？我认为这是问题的关键所在。

许多人并不拥有太多的能量，而他们所拥有的那少而又少的能量，不久便会因社会以及所谓的教育施加的控制、威胁和禁忌而被扼杀；于是他们便成了只知模仿、毫无生机的公民。对于一开始只拥有较少能量的个体来说，规范是否给予了他更多的能量呢？是否使得他的生命充实、富有活力呢？

当你年轻的时候，你充满了能量，不是吗？你想要玩耍，想要东奔西跑，想要谈个没完，你无法一动不动地坐着，你能量充沛，尔后会发生些什么呢？随着年龄的增长，你的老师们开始按照某种模式来塑造你的心灵，结果你原本具有的充沛能量便出现了骤减；当你最后步入了成年时，你身上残存的那一点能量很快便被社会给毁灭了，因为社会声称你必须要做"良好公民"，你的行为举止必须要符合规范。通过所谓的教育以及社会的强迫，你在年少时所拥有的这种丰富的能量便逐渐地被消灭殆尽。

规范能否令你当前所拥有的能量变得更具活力呢？假若你只拥有很少的能量，规范能够令其增加吗？如果答案是肯定的，那么规范便是有意义的；倘若规范实际上对于一个人的能量只具有毁坏性，那么显然它就必须被搁置到一旁。

我们所拥有的能量是什么呢？这种能量便是思想和感受，它是兴趣、热情、贪婪、激情、活力、野心、憎恨。绘画、耕耘、运动、写诗、唱歌、跳舞、去庙宇、祷告——这些全都是能量的表现。能量还创造出了幻觉、伤害和苦难。最优秀的特质与最具有破坏性的特质，同样也是人类能量的反映。然而你知道，对这种能量予以控制或规范，在某个方向将它释放出来，而在另一个方向则对其进行限制，这种做法只是为了方便社会的运作而已。心灵依照某种文化模式被塑造和定型，于是它的能量便逐渐地消散殆尽了。

因此，我们的问题就是，我们所有人都或多或少具有的这种能量，能否被增加、被给予更大的活力？假如答案是肯定的，那么怎样做才能增加呢？能量的作用何在？能量的目的，难道就是为了发动战争，为了发明喷气式飞机以及无数其他的机器？还是为了追随某位上师？为了通过考试，为了生儿育女，为了对这个或那个问题无尽地焦虑？又或者我们能否以一种不同的方式来使用能量，以便我们的行动可以拥有某种更具超越性的意义呢？显然，假若拥有这种令人惊异之能量的人类心灵不去寻觅真实或神，那么其能量的所有表现都会成为一种破坏和苦难的手段。探寻真实，需要无穷的能量；如果一个人不这么做，那么他的能量会被用于给世界制造苦难并逐渐消失殆尽，所以社会必须要去控制他。将能量用于寻觅神或真理是有可能的吗？有可能在发现真理的过程中，成为一个认识到生命的基本问题、一个无法被社会摧毁的人吗？你是否会这么去做呢？又或者这是否有点儿过于复杂了呢？

你知道，人即能量。假如一个人不去探求真理，那么这种能量就会具有破坏性；社会因此控制和塑造个体，而让能量窒息，这便是在全世界的大多数成年人身上所发生的情形。或许你已经注意到另一个非常简单、有趣的事实：在你真正想要去做某事的时刻，你便拥有了展开行动的能量。当你急切地想去玩某个游戏时，会发生什么呢？你立即有了能量，不是吗？而这种能量变成了控制其自身的手段，于是你便不需要外部的约束。一个探求真实存在的人，同时也会成为良好的公民，而不用去依照某种特定的社会模式或政府模式来被塑造。

因此，学生和老师都必须同心协力地去释放这种发现真实、神或真理的无穷能量。规范就存在于你对真理的探寻中，据此你将成为一个真正的人、一个完整的个体，而不仅仅是一个被自己特定的社会和文化所限制的印度教教徒或者拜火教教徒。倘若学校不是去培养起学生的这种能量，就像现在所做的那样，而是能够帮助他在对真理的追求中唤醒自己的能量，那么你将发现，规范会具有截然不同的含义。

为什么在家里、教室里、旅馆里，你总会被告知该做什么、不该做什么呢？显然，这是因为你的父母和老师，就像社会上其他那些人一样，没有认识到人类的存在只为了一个目的，那便是去发现真理或神。即使只有一小部分教师认识到了这一点并将其全部注意力放到了这一追寻上，那么他们便会创造出一种崭新的教育以及一个不同的社会。

你难道没有注意到你周围的大多数人所具有的能量是多么的微小吗？即使在他们的身体尚未老迈之时。为什么会这样呢？因为他们已经向社会屈服。你知道，倘若没有认识到能量的根本目的在于要解放那被唤作心灵的非凡之物，解放那能够制造出核潜艇和直升机的心灵，那能够写出令人惊叹的诗作和散文的心灵，那能够令世界如此美丽同时也能毁灭世界的心灵——倘若没有认识到根本目的在于要去发现真理或神，那么这种能量就会成为破坏性的，尔后社会便将说道："我们必须要塑造和控制个体的能量。"

因此，在我看来，教育的职责，在于促成这种追求善、真理或神的能量的释放，这反过来又会使个体成为一个真正的人、一个正义的公民。但如果没有理解到这些，那么单纯的规范便是毫无意义的，它会是最具有破坏力的事物。除非你们每个人都被如此教育，当你离开学校、步入社会时，你充满了活力和智慧，充满了无穷的能量去探明何为真理，否则你便将被社会同化和吞没，你便将被窒息和毁灭，在痛苦和不快中了此残生。就像河流冲刷出了约束它的堤岸一样，不用任何强加，寻觅真理的能量也会创造出它自己的规范；就像河流发现了大海一样，能量也会找到属于它自己的自由。

23. 喜悦从何而来

你可曾好奇过，为什么随着年龄的增长人们似乎失去了生命里所有的乐趣呢？现在，年轻的你们还是相当的快乐。你也有自己的一些小难题，比如那些令你担心的考试，尽管有这些麻烦，但你的生命还是存在着某些乐趣的，不是吗？与此同时，你对待生命的态度是相对轻松的，你看待事物的眼光也是愉快的。为什么随着年纪的增长我们似乎失去了这种喜悦感呢？为什么我们中有如此多的人在步入了所谓的成年阶段以后会变得迟钝和麻木，会对欢乐、对美、对高远的天空以及那神奇的地球都丧失了感受力呢？

你知道，当一个人问自己这个问题时，脑海里会涌现出许多的解释。我们是如此关注于自身——这是一个解释。我们努力想功成名就，想获得和保持某个地位；我们有子女需要抚育，有其他一些责任需要担当，我们不得不去挣钱谋生。所有这些没完没了的事情不久便将我们压垮了，于是我们也就失去了生活的乐趣。看看你周围那些成年人的脸吧，看看他们中大多数人是多么悲哀、多么疲惫，甚至呈现出了病态，看看他们是多么沮丧和冷漠，脸上没有一丝笑意。你难道没有问过自己为什么会这样吗？即使当我们询问着为什么时，我们中的大多数人也似乎依然满足于单纯的解释。

昨晚我看见一艘船在河面驶过，在西风的推动下，它全速航行着。这是一艘很大的船，上面装载着要运送到城里去的木柴。夕阳西下，这艘船在晚霞的映照下显出惊人之美。因为风的动力，船夫只是把好船的方向，毫不费力。同样，假如我们每个人都能够认识到有关努力和冲突的问题，那么我认为我们便可以不费力气、快乐地生存于世，我们的脸上便会有笑容绽放。

我认为正是努力毁灭了我们，这种使我们耗尽了生命的每时每刻的努力将我们毁灭了。观察一下自己周围的那些成年人，你会发现，对于他们中的大多数人来说，生命是一系列的战斗，与他们自己战斗，与配偶、邻里战斗，与社会战斗，而这种无休无止的争斗令我们的能量消散殆尽。而一个真正愉悦、快乐的人，是不会被努力所困的。不去努力，并不意味着停滞不前，并不意味着迟钝和愚蠢；相反，只有那些聪明之士、那些拥有非凡智慧的人，才能够真正摆脱努力和奋斗的束缚。

然而，你知道，当我们听到不做任何努力这一呼吁时，我们渴望做到那样，我们渴望获得一种其间没有任何争斗和冲突的状态。于是我们便将其设定成了我们的目标和理想，然后为了达到这一目标而奋斗着。从我们这样做的那一刻开始，我们便已经丧失了生活的乐趣。我们再一次被困在了努力和奋斗的迷局里。尽管奋斗的具体对象有所不同，但所有奋斗的本质都是一样的。一个人或者努力想带来社会的变革，或者努力去发现神，或者努力去改善自己同配偶、邻里之间的关系；一个人或许会坐在恒河岸边，对某位上师崇拜不已，诸如此类。所有这些都是努力，都是奋斗。因此重要的并不是奋斗的目标是什么，而是要理解奋斗本身。

心灵能否并非只是偶然地、暂时地意识到不做奋斗的意义，而是始终致力于摆脱奋斗的束缚，从而发现了一种没有高、低等之分的快乐状态呢？

我们的困难在于，心灵感觉到低等，这便是为什么它会努力想要有所成就，努力想满足自己那种种充满了矛盾的欲望。我们没必要提出各种解释去说明心灵为何充满了努力和奋斗，每一个有思想的人都知道为什么会有奋斗存在。我们的妒忌、贪婪和野心，我们以无情的效率为目标而培养起来的竞争意识——这些显然便是导致我们去奋斗的因素。所以我们不必去研读心理学方面的书籍来了解我们奋斗的原因，重要的是要去探明心灵是否能够完全摆脱奋斗的束缚而获得自由。

因为，当我们奋斗的时候，在我们真实的模样与我们应该或者希望成为的那个自己之间便会有冲突存在。倘若不进行解释的话，一个人能否理解奋斗的整个过程以便使其终结呢？就像那条在风的推动之下顺势前行的船一样，心灵能否不去展开任何的奋斗呢？显然，问题正在于此，而不是如何去达到一种没有奋斗的状态。为了达到该状态而去展开努力，其本身便是一种奋斗的过程，于是这一状态便永远也无法达到。但如果你时刻去观察心灵是如何被无休无止的奋斗所束缚的——如果你只是观察该事实，没有试图去改变它，没有试图去把一种你所谓的宁静的状态强加给心灵——那么你将发现，心灵会自发地停止奋斗的脚步，而在这种状态中，它的学习能力便将是无限的。尔后学习就不再只是一种累积信息的过程，而是去发现那存在于心灵范围之外的非凡与丰富。对于有此发现的心灵来说，便会有乐趣生起。

观察一下你自己，你从早到晚都在努力奋斗着，你的能量全都耗费在了这种奋斗之中。倘若你只是去解释为何会奋斗，那么你便会迷失在解释之中，而奋斗仍将继续。然而，假如你非常安静地观察你的心灵，不做任何的解释，假如你只是让心灵意识到它自己的奋斗，那么很快你就可以看到有一种新的状态出现，它里面完全没有任何的奋斗，有的只是一种令人惊异的机敏和警觉。在这种警觉的状态里，没有所谓的高等和低等，没有所谓的大人物和小人物，没有所谓的上师。所有这些荒谬都会消失不见，因为心灵是彻底清醒的，而一个完全清醒的心灵便会充满喜悦。

24. 真正的变革

　　对于我们所有人，尤其是那些现在正接受着教育，不久之后必定会步入社会的人们来说，摆在其面前的问题之一，便是有关改革的问题。不同群体的人们——社会主义者、共产主义者以及各种改革者们——都关注于试图去带来世界的某些改变，某些显然是必要的改变。尽管某些国家已经达到了相当程度的繁荣，然而纵观整个世界，你会发现饥饿和困苦无处不在，成千上万的人缺衣少食，流离失所。怎样才能出现一种根本的变革，同时又不会制造出更多的混乱、更多的苦难和纷争呢？这才是真正的难题，不是吗？如果一个人阅读一些史书并且观察一下当今的政治趋势，他便会发现，我们所谓的变革，无论多么值得渴望和必需，都是一直以来导致了各种形式的混乱与冲突的原因，这是显而易见的事实。而要消除进一步的苦难，更多的立法、更多的抵制就成为必要。改革制造出了新的无序，而在对这种状况的纠正中，仍然会制造出进一步的无序来，于是这一恶性循环便会继续下去。这便是我们所面临的情形，这是一个似乎永无止境的过程。

　　那么，一个人要怎样去打破这一恶性循环呢？提醒你注意的是，改革显然是必需的，但是改革有可能不去带来进一步的混乱吗？在我看来，这是任何一个有思想的人都必须要去关注的一个根本问题。问题不在于哪种改革是必需的，或者是在哪个层面上进行改革，而在于改革是否有可能停止产生其他的问题，这样我们便不必为了解决由改革所导致的新问题而不得不去展开又一轮的改革。要怎样做才能打破这一永无止境的过程呢？显然，无论是在中学还是在大学，教育的职责便是去解决这个问题，不是抽象地、理论性地解决，不是通过单纯的哲学探讨或者撰写关于该问题的著作去解决，而是真正面对问题，以便找出解决之道。人类被困在这个恶性循环里——总是需要进一步的改革来解决由上一次的改革所制造出的新问题，假如这一恶性循环不被打破的话，我们的问题便无法得到解决。

因此，为了打破这一恶性循环，我们究竟需要什么样的教育、什么样的思想呢？什么样的行为才会终止我们行为里问题的不断增多呢？是否有某种思想运动能够使人类从这种生存方式下解放出来，从这种总是需要进一步的改革中解放出来呢？换言之，是否存在着一种并非源于反应的行动呢？

我认为存在着这样一种生活方式，其间没有这种会滋生出更多苦难的改革过程，而这种方式或许被称为虔诚。一个真正虔诚的人，不会关心改革，不会关心单纯地带来社会秩序的某种变化，相反，他所寻觅的是通往真理的道路，而这种探寻会对社会产生革命性的影响。这便是为什么教育主要应当着眼于帮助学生去探寻真理或神，而不是仅仅为了让他去适应某个特定的社会模式。

我认为，我们在年轻的时候必须要认识到这一点，这是非常重要的。随着年龄的增长，我们应当忽略我们自己那些小小的乐趣和娱乐，忽略我们的性欲和卑微的野心，我们变得更为热切地意识到了摆在世界面前的无尽难题，尔后我们会希望去做些什么，希望带来某种改进。然而，除非我们实现了深刻的虔诚，否则便只会制造出更多的混乱和苦难；虔诚与牧师、教堂、教条或者组织化的信仰无关，这些完全不是虔诚，而只是社会为了便于将我们控制在某种特定的思想和行为模式里而采用的举措罢了；它们是一种利用我们的轻信、希望和恐惧的手段，目的在于想把虔诚是对真理、对神的探求，而这种探求需要无穷的能量、渊博的知识以及缜密的思索。正确的社会行为便存在于这种对不可测度之物的探寻之中，而非存在于对某种特定的社会模式的所谓的改革中。

想要探明何为真理，必须得怀有伟大的爱，并且要深刻认识到人类与万物的关系——这意味着一个人不能只关注于自己的发展和成就。对真理的探寻才是真正的虔诚，而一个正在寻觅真理的人才是唯一虔诚之徒。这样的人，由于怀有爱，他便会处于社会之外，因此他对社会所展开的行动就完全不同于那些处在社会内部、关注社会变革的人所采取的行动。改革者永远不会创造出一种崭新的文化。真正虔诚之士的探寻才是必需的，因为这种探寻会产生出属于它自己的文化，这便是我们唯一的希望。你知道，对真理的探寻会给心灵注入一股非凡的创造力，这才是真正的革命。在这种探寻中，心灵没有被社会的法令和约束力所污染。由于摆脱了所有这些束缚，一个虔诚之人便能够去探明什么是真理，正是这种每时每刻对真理的发现才会创造出崭新的文化。

这便是为什么对你而言要拥有正确的教育是如此的重要。因此，教育者自己必须首先要受到正确的教育，如此一来他才不会将教育仅仅视为一种谋生的手段，而是能够帮助学生去抛开所有的教条，不被任何宗教或信仰捆绑住手脚。那些基于宗教的权威而团结在一起的人，或者实践某些理想的人，全都关注于社会的变革，而他们的行为就像是给监狱的墙壁做装饰一样流于表面。只有真正虔诚的人才具有彻底的革命性，而教育的职责便是要帮助我们每一个人实现真正意义上的虔诚，因为这才是我们的救赎之道。

第三部分
问　答

心灵是最为表层的事务，我们把几个世代、把整个一生都花费在了心灵的培养上面，使它越来越聪慧、越来越敏锐、越来越精巧、越来越不诚实和无耻，使它无法面对事实，这便是导致出现各类问题的原因，这便是问题本身。

提问者[①]：我们知道性是一种不可避免的生理和心理的必需，而它似乎是我们这一代人个体生活中的混乱的根源。我们怎样才能够应对这一问题呢？

　　克里希那穆提[②]：为什么凡我们所触及的事物，我们都将其变成了一个问题呢？我们使神成了一个问题，我们使爱成了一个问题，我们使关系、使生存成了一个问题，我们也使性成了一个问题。为什么会这样？为什么我们所做的一切都变成了一个问题、一种可怕的事物？为什么我们带给生活如此多的问题，为什么我们不去终结这些问题？为什么我们不让这些问题消亡，相反却是日复一日、年复一年地背负着它们？性当然是一个有关的问题，但还有其他更为主要的问题，我们为何要把生活变成了一个问题？工作、性、挣钱、思想、感受、体验——你知道，生活的全部——为什么都成了问题？从本质上来讲，原因就是，我们总是从某个固定的观点来思考，难道不是吗？你的思考轨迹总是由一个中心朝外围发散开去，而对于我们大多数人来说，外围便是中心，于是我们所接触的任何事物也都停留在了表层。然而生活并不是表面化的，它要求完整的存在，由于我们只是活在了表层，因此我们也就只知道表层的反应。我们在外围、在表层所做的任何事情，都不可避免地会制造出问题，而这便是我们的生活：我们活在表层，我们满足于带着所有表层的问题活在肤浅之中。只要我们活在表层、活在外围，那么各类问题便会一直存在下去。这外围便是"我"以及它的各种感觉，它能够被具象化或主观化，能够同世界产生关联，同国家或者心灵所建构出来的其他事物相

[①]　下文中"提问者"简称为"问"。——中文版编者注
[②]　下文中"克里希那穆提"简称为"克"。——中文版编者注

关联。

　　只要我们活在心灵的领域之内，就必然会有混乱，必然会有问题，我们所有人都明白这一点。心灵是感觉，心灵是所累积的感觉和反应的结果，它所触及的任何事物都必然会制造出苦难、混乱以及永无止境的问题。心灵——那日日夜夜机械性地、有意识或无意识地活动着的心灵，便是我们所有问题的真正根源。心灵是最为表层的事物，我们把几个世代、把整个一生都花费在了心灵的培养上面，使它越来越聪慧、越来越敏锐、越来越精巧、越来越不诚实和无耻，使它无法面对事实，这便是导致出现各类问题的原因，这便是问题本身。

　　我们所谓的性问题指的是什么呢？是行为，还是关于行为的想法呢？显然不是行为，性行为对你来说应该不是问题，顶多比吃东西的行为要困难那么一点儿。但如果你整天想的都是吃东西或者其他任何事情，因为你没有其他东西可想，那么它就会变成你的一个问题了。问题在于性行为，还是在于对该行为的想法？你为什么要去想它呢？你为什么要把它扩大化呢？你显然正是这么做的。电影、杂志、小说、女性的衣着，所有这一切都在把你对于性的想法给扩大化。心灵为何要将性扩大化呢，为何只去想着性呢？为什么？为什么性已经成了你生活中的核心议题？

　　当还有如此之多的事情在呼唤着、要求着你的注意时，你却将全部的注意力都放在了性的上面，会发生些什么？为什么你们满脑子想的都是有关性的内容？因为它是一种最佳的逃避的方式，不是吗？它是一种彻底的忘却自我的方式，至少你可以暂时性地忘记你自己——没有其他忘却自己的方式了。你在生活中所做的其他一切事情都在强调着"我"，强调着"自我"。你的工作、你的宗教、你的神、你的领导、你的政治和经济活动、你的逃避、你的社会活动、你加入一个政党、抵制另一个党派——所有这些都在强调着"我",都给予了"我"以更多的力量。也就是说,只有一种行为没有去强调"我",于是它就变成了一个问题,不是吗?当你的生活里只有一件事情,而它又是一种最佳的逃避的途径,能够让你彻底地忘记自我,哪怕只是暂时的一瞬间,那么你便会依附于它,因为这是你唯一感到快乐的时刻。你所触及的其他一切问题都成了一个噩梦,成了痛苦和磨难的来源,因此你便去依附于那件能够让你彻底忘我的事情,那件你将其称为快乐的事情。然而当你依附于它时,它就会同样成为一个梦魇,因为尔后你便希望去摆脱它的束缚,你不想成为它的奴隶。于是你又一次从心灵产生出诸如贞洁、禁欲这类概念,你努力禁欲、努力守贞,尽管很压抑,但所有这些都是心灵试图使自己从放荡的泥沼中走出来的努力。而这又会格外地强调了那个正在努力要变成怎样的"我",于是你便再一次地困在了辛劳、麻烦、努力和痛苦之中。

只要你不去理解那个终日在想着性这一问题的心灵,那么性就会成为一个极其困难和复杂的问题。性行为本身永远都不会成为问题,但是关于该行为的想法却会制造出问题来。显然,只有当你理解了"我"和"我的"这一结构及其整个过程:我的妻子、我的孩子、我的财产、我的汽车、我的成就、我的成功,该问题才能够得到解决,除非你认识并解决了上述的结构和过程,否则性就会继续成为一个问题。只要你是野心勃勃的,无论是政治上的野心,还是宗教上的或其他方面的野心,只要你强调着自我、思考者、体验者,让他以野心为食,无论是以你自己的个体的名义,抑或是以国家、政党或某种宗教理念的名义——只要存在着这种自我膨胀的行为,你就会出现性问题。一方面你正在制造、喂养和膨胀着自我，另一方面你则试图去忘记自我、失去自我，哪怕只是暂时的一瞬间。这两种状态如何能够同时并存呢？你的生活是一个矛盾体：一方面强调"我"，一方面则又忘却"我"。性不是一个问题，问题是你生活中的这种矛盾，该矛盾无法被心灵跨越，因为心灵本身便是一个矛盾体。只有当你充分认识了你的日常存在的全过程，该矛盾才可以被理解。去电影院看着荧幕上的女人，阅读那些刺激你去想到性的书籍，翻看那些包含有半裸图片的杂志，你看待女性的方式，你那鬼鬼祟祟的眼神——所有这些事情正鼓励着心灵通过迂回的途径来强调着自我。与此同时，你试图做到和善、有爱心、温柔。这两者无法共存。一个在精神上或者其他方面充满了野心的人，永远都会面临各类问题，因为，只有当自我被忘记的时候，只有当"我"不存在的时候，他的各种问题才会终结。而自我不存在的状态并不是一种意志的行为，它不是一种单纯的反应。性变成了一种反应，当心灵努力想要解决该问题时，它只会让这一问题变得更加混乱、棘手和痛苦。行为不是问题，声称自己必须要贞洁的心灵才是问题。贞洁不属于心灵，心灵只能压制它自己的行为，而压抑并不是贞洁。贞洁不是一种美德，贞洁无法被培养出来。一个培养谦卑的人显然并不是谦逊之士，他或许会将自己的骄傲称作为谦卑，但他实际上却是一个傲慢之人，这便是为什么他会寻求着要变得谦逊。骄傲永远无法变成谦卑，贞洁也不是一个属于心灵的事物——你无法变得贞洁。只有当爱存在的时候，你才会认识贞洁，而爱不属于心灵，也不是心灵的事物。

因此，除非我们理解了心灵，否则折磨着全世界无数人的性问题便无法被解决。我们不能够终结思想，然而当思想者停止时，思想便会结束，而只有当理解了思想的整个过程时，思想者才会停止思考。当思想者与他的思想分离时，便会出现恐惧；当思想者不存在时，思想中也就不会有冲突。固有的事物不需要费力气去理解。思想者通过思想而形成，尔后思想者尽力去塑造、去控制他的思想或者去终结其思想。思想者是一个虚构的实体，是心灵的一种幻象。当意识到思想是一种事实的时候，便不再需要去想到该事实了。假如存在着简单的、不去进行选择的觉知，那么事实中所固有的内涵便会开始显露出来，于是作为事实的思想便会终结。尔后你将看到那些啃噬着我们的心灵与思想的问题，那些有关我们社会结构的问题，便能够迎刃而解了。之后性就不会再是一个问题了，它有自己的恰当位置，它既不是一件不纯洁的事情，也不是一件纯洁的事情。性有它自己的位置，然而当心灵把性抬高到了一个压倒一切的地位时，它就成为一个问题。心灵之所以会将性抬高至压倒一切的地位，是因为倘若没有某些快乐，心灵将无法生存下去，于是性就变成了一个问题。当心灵理解了它的整个过程并因此将其终结时，也就是说当思想停止时，便会有创造出现，而正是创造令我们感到快乐。处于这种创造的状态之中将会是一种巨大的喜悦和天佑，因为它是忘我的，其间不再有任何源于自我的反应。这不是对于日常的性问题的抽象解答——这是唯一的答案。心灵拒绝了爱，倘若没有爱，便不会有贞洁；正是由于缺乏爱，才会使性成了一个问题。

问：您所谓的爱指的是什么？

克：我们打算通过理解什么不是爱来探明何为爱，由于爱是未知的，因此我们必须通过放弃已知来认识它。一个充斥着已知的心灵，是无法去发现未知事物的。我们即将要做的，便是去探明已知的价值。当我们纯粹地、不予任何责难地去看待已知时，心灵便会从已知中解放出来，尔后我们就将知道什么是爱了。

对于我们大多数人来说，爱是什么呢？当我们声称自己爱着某人时，我们指的是什么呢？我们指的是我们拥有那个人，从这种拥有中会生出嫉妒，因为，假如我失去了他或她，会发生什么呢？我会感到空虚和失落，于是我将这种占有合法化，我掌控了他或她。从这种掌控中，从对那人的占有中，会有嫉妒存在，会有恐惧，会生出无数的冲突。显然，这种占有并不是爱，不是吗？

爱显然不是情绪。多情或者感性，都不是爱，因为多情和感性都只是感觉。一个为耶稣、为克利须那神、为他的上师或者其他某个人而落泪的虔诚之人，都只是多愁善感罢了。他沉溺在这种感觉之中，这种感觉是一种思想的过程，而思想并不是爱。思想是感觉的结果，因此多愁善感之人是无法懂得什么是爱的。我们难道不是多愁善感的吗？多愁善感、易动感情，都只是一种自我膨胀的形式。而感情洋溢显然不是爱，因为，当一个多情之人的感情没有得到回应时，当他的感情没有出口时，他也可以变得分外的残忍。一个感性之人在被激之后会仇恨、甚至于发起战争、屠杀他人。一个被自己的宗教感动得泪水涟涟的人，显然并不怀有爱。

宽恕是爱吗？宽恕的含义是什么呢？你侮辱了我，我对此心怀怨恨，对此刻骨铭心。尔后，或者出于强迫，或者基于悔悟，我说道："我原谅你。"一开始我有所保留，之后我放下了仇恨的心态。这意味着什么呢？我依然是中心人物，因为是我原谅了某人。只要存在着这种宽恕的姿态，那么重要的便是我，而不是那个曾经侮辱了我的人。因此，当我累积了怨恨尔后又否定了这种怨恨时，也就是你们所谓的宽恕，它并不是爱。一个怀有爱的人，显然是不会有任何敌意的，于是他对所有这些事情都会抱持漠然的态度。怜悯、宽恕以及占有、嫉妒和恐惧之间的关系——所有这些都不是爱。它们全都属于心智，不是吗？只要心智是仲裁者，就不会有爱存在，因为心智仅仅通过占有来予以仲裁，而它的仲裁也就只是另一种形式的占有罢了。心智只会腐蚀爱，它无法产生出爱。你能够创作一首关于爱的诗作，但这并非是爱。

显然，当没有真正的尊重，当你不尊重他人，无论他是你的仆人还是你的朋友，就不会有爱存在。你难道没有注意到，你对自己的仆人、对那些所谓"低于"你的人并未心怀尊敬、和善与慷慨吗？你尊敬那些在你之上的人，你的老板、百万富豪、拥有豪宅与显赫头衔的人、能够提供给你更好职位的人、能够让你从他身上有所获得的人。但是你轻视那些比你地位低的人，你会对他们使用一种特殊的语言。因此，哪儿没有尊重，哪儿就不会有爱存在；哪儿没有悲悯、同情和宽恕，哪儿就不会有爱存在。作为身处于这种状态中的大多数人来说，我们都不怀有爱。我们既不尊敬他人，也不悲天悯人或者乐善好施。我们拥有极强的占有欲，我们极为情绪化，而这种感性可能被转化为其他的方式，比如劫掠、屠杀或者将某些愚蠢而无知的意图统一起来。因此怎样才能够有爱存在呢？

只有当所有这些事物结束时，只有当你不去占有，当你并非只是出于情绪化而去献身于某个对象时，你才能够懂得爱。这种献身是一种祈求，是以另一种形式来寻求某物。一个祈祷的人不懂得爱。由于你有着占有欲，由于你通过献身、通过祈祷来寻求一个结果、一个目标，而这种行为会让你变得多情、变得感性，因此自然不会有爱存在。

当心智的事物不去填满你的心灵时，便会有爱存在；而爱本身便能够改革当前世界上的疯狂与紊乱——不是制度、不是理论，无论是"左"翼的还是右翼的。只有当你不去占有时，当你不嫉妒、不贪婪时，当你尊重他人时，当你怀有同情和悲悯时，当你懂得去体谅你的妻子、儿女、邻里和你那些不幸的仆人时，你才会真正怀有爱。

爱无法被想到，爱无法被培养，爱无法被实践。爱的实践、兄弟情谊的实践，仍然是在心智的领域之内，所以这并不是爱。当所有这一切都停止时，爱便会出现，尔后你将懂得什么是爱。爱不是数量上的，也不是性质上的。你不会说："我爱整个世界"，然而当你知道如何去爱个体时，你便会懂得如何去爱整体了。因为我们不知道如何去爱个体，所以我们的人道之爱是虚假的。当你怀有爱时，不会有单个与众多之分，只会有爱。只有当爱存在时，我们所有的问题才能够解决，尔后我们便将体验到爱的狂喜与幸福。

问：我们怎样才能快乐地生活？

克：当你快乐地生活着时，你是否知道呢？当你遭受到痛苦时，当你生理上疼痛时，你是知道的。当某人打你的时候或者冲你生气时，你会体会到痛苦。然而你知道自己何时是快乐的吗？在你健康的时候你是否会意识到自己的身体呢？显然，快乐是一种你没有意识到的状态。在你察觉到自己快乐的那一刻，你便停止了快乐，不是吗？你们大多数人都遭受着痛苦，由于意识到了痛苦，于是你便希望从苦痛中逃离出去，进入到你所谓的快乐之境。你想要有意识的快乐，而就在你察觉到快乐的那一刻，快乐便消失了。你可曾声称自己是开心的吗？只有在那一刻过后或者一星期之后你才会说："我好快乐，我好开心！"而在你没有意识到快乐的那一刻，才会有快乐之美存在。

问：一个人摆脱所有的恐惧之感，与此同时又与社会相处，这是可行的吗？

克：社会是什么？一系列的价值，一系列的准则、规定和传统，不是吗？你看到了这些来自外部的情境，于是你说道："我能够与所有这些价值、规范保持一种切实可行的关系吗？"为什么不能呢？假如你仅仅是去适应这一价值框架，那么你就会自由了吗？你所谓的"可行的"或"实用的"指的是什么？你指的是谋生吗？你可以做许多事情来谋生。如果你是自由的，你就能够自由选择自己想要去做的事情，难道不是吗？这就是所谓的可行，对吗？或者你忘记了自己的自由，去适应社会的框架，成为一名律师、银行家、商人或者清洁工，这是可行的吗？显然，假如你是自由的，并且已经培养了你的智识，那么你便会认识到什么才是你最想去做的事情。你会把所有的传统都抛在一边，然后去做你真正热爱的事情，丝毫不理会你的父母和社会是会赞成还是会反对。因为你是自由的，你拥有智慧，于是你便会去做完全属于你自己的事情，你便会作为一个完整的人来展开行动。

问：当我们生存在一个充斥着传统的社会，我们怎样才能够使我们的心灵获得自由呢？

克：首先你必须要有获得自由的强烈欲求，犹如鸟儿对飞翔的渴望，或者河水对流淌的渴望一样。你有这种想要自由的强烈渴望吗？如果你有的话，那么会发生些什么呢？你的父母和社会试图强迫你进入到一种模式中去。你能够反抗他们吗？你会发现这是十分困难的，因为你很害怕。你害怕没有赖以谋生的工作，害怕没能寻到如意的丈夫或妻子，害怕自己会饥肠辘辘，或者害怕人们会对你议论纷纷。尽管你渴望获得自由，但你却感到害怕，于是你便不会去抵抗。你害怕人们会说些什么，害怕你的父母会做些什么，这种恐惧阻挡了你，因此你就被强迫着进入了模式之中。

那么，你能不能声称："我渴望认知，我不介意食不果腹。无论发生什么，我都将去反抗这个腐朽的社会所设立的重重障碍，因为我渴望拥有去发现、去探明的自由。"你能够这么说吗？当你感到惊恐时，你能够反抗所有这些障碍、所有这些强加吗？

因此，帮助孩子去理解恐惧的含义并且摆脱其束缚，这是非常重要的。在你感到惊恐的那一刻，自由便终结了。

问：什么是真正的自由？一个人如何去获得它呢？

克：真正的自由是无法被获得的，它是智慧的产物。你无法去市场里购买到自由，你无法通过阅读一本书或者聆听某人的讲演便得到自由。

然而智慧是什么？当恐惧存在时，或者当心灵被限定时，能够有智慧吗？当你的心灵充斥着种种的偏见时，当你以为自己是多么了不起时，或者当你野心勃勃、想要攀上世俗社会或精神领域里成功的阶梯时，能够有智慧存在吗？当你只关心着自己时，当你对某人亦步亦趋或顶礼膜拜时，能够有智慧存在吗？显然，只有当你认识到了所有这些愚蠢和谬误并且摆脱了其束缚时，智慧才会到来。因此你开始着手要做的第一件事，便是要意识到你的心灵是不自由的。你必须要观察你的心灵是如何被所有这些事物所绑缚的，尔后才会有智慧的开始，而智慧又会带来自由。你必须要凭借自己的力量去找到答案。当你不自由的时候，其他人的自由于你毫无意义；当你饥肠辘辘的时候，其他人拥有的食物于你也毫无用处，难道不是吗？

富有创造力，也就是拥有真正的开创精神，就必然会有自由存在；由于有了自由，因此也必然会有智慧。所以你必须要探寻和发现是什么阻挡了智慧，你必须要对生活展开探究，你必须要对社会的价值观、对一切予以质疑，而不要仅仅出于恐惧便去接受任何事情。

问：生活的真正目的是什么？

克：你怎样看待生活，生活便会是怎样的。

问：我对于怀有个人的目标并无特别的兴趣，但是我渴望知道人们的普遍目标是什么。

克：你如何去探明呢？谁会向你指明呢？你能够通过阅读找到答案吗？假如你阅读，一位作者可以向你提供一种特定的方法，而另一位作者或许会提供一种截然不同的方法。如果你去找一个正在遭受痛苦的人，他会说生活的目标是快乐。如果你去找一个饥肠辘辘的人、一个多年来都食不果腹的人，那么他的目标则会是填饱肚子。如果你去找一个政客，那么他的目标便是想成为世界的指引者、统治者。如果你去问一位年轻的女性，她会说："我的目标是生个可爱的孩子。"如果你去找一个苦行者，他的目标会是找到神。目标以及人们潜在的欲望，普遍都是去找到某种能够令其感到满足、感到舒适的事物；他们希望获得某种形式的安全感，以便他们不会有怀疑、不会有问题、不会有焦虑不会有恐惧。我们中的大多数人都渴望着某种我们能够依附于它的永恒之物，不是吗？

所以，对于人类而言，生命的普遍目标便是某种希望、某种安全、某种永恒。不要说："就只是这些了吗？"这就是当前的事实，你必须首先要充分认识到这一点。你必须质疑所有这些事情——这意味着你必须要质疑你自己。人类生活的普遍目标便深植在你的心里，因为你就是这个整体的一部分。你自己也渴望获得安全、永恒与幸福，你也渴望着某种可以去依附的事物。

那么，倘若想要探明是否存在着某种超越的事物、某种不从属于心灵的真理，那么心灵所有的幻象都必须要终止；也就是说，你必须要理解它们，尔后将其抛到一旁。只有这时，你才能够发现真实的事物，无论是否存在着一个目标。规定必须要有一个目标，或者相信存在着一个目标，这只是另一种幻象而已。但如果你能够去质疑你所有的冲突、争斗、苦痛、空虚、野心、希望和恐惧，并且超越它们，那么你便将探明真理了。

问：世界上为什么会有悲伤和苦难呢？

克：我很好奇一个男孩是否知道这些词语是什么意思。他或许看见过一头负重累累、腿都几乎要被压垮的驴子，或者看见过一个哭喊的男孩，或者见过一位打孩子的母亲，他或许见过彼此争吵的大人。这世上有死亡，尸体被抬去焚化；这世上有乞丐；这世上有贫穷、疾病和年迈；这世上有悲伤，悲伤不仅存在于外部世界，而且还存在于我们的内心之中。因此他问道:"为什么会有悲伤呢?"你难道不曾产生过与他相同的疑问吗?你难道从未曾想要知道自己为何会悲伤的原因吗?什么是悲伤?为什么它会存在?假如我渴望某个事物而又无法得到它,我就会感到悲伤;假如我想要更多的纱丽、更多的金钱,或者假如我想要更加美丽,而我又无法得到自己想要的,那么我就会不快乐;假如我爱着某个人,而此人却并不爱我,那么我就会难过不已;我的父亲去世了,我就会处于悲伤之中。为什么?

为什么当我们无法得到自己想要的东西时便会感到难过呢?为什么我们必然应该得到我们想要的东西呢?我们以为这是我们的权力,不是吗?但是我们可曾问过自己:即便是百万富翁也没有得到自己需要的一切,为什么我们就应当得到我们想要的事物呢?此外,我们为什么想要这些东西呢?我们有对食物、衣服和栖息之所的需求;但是我们并不满足于此,我们渴望更多的事物。我们渴望成功,我们渴望被人尊敬、被人热爱、被人仰视,我们渴望有权有势,我们渴望成为著名的诗人、圣人、演说家,我们渴望当上首相、总统。为什么?你可曾探究过这个问题?为什么我们渴望这一切呢?不是说我们必须要满足于现状,我并不是这个意思。这将是丑陋的、愚蠢的。但为什么会有这种永不知足的欲求呢?为什么我们会不断地渴望更多、更多、更多呢?这种渴望表明我们不满足、不满意,但我们究竟对什么不满足呢?对我们真实的模样不满足吗?我是这样的,我不喜欢这样的我,于是我便想去成为那样子的。我认为我穿上一件新外套或者披上一条新纱丽会看起来美丽许多,于是我便想买件新衣服。这意味着我对自己不满意,我以为我可以通过获得更多的衣服、更多的权力来消除我的不满。然而不满依然存在着,不是吗?我仅仅是用衣服、权力、汽车将其掩盖住了而已。

因此，我们必须要探明怎样去认识自我。仅仅用占有、权力和地位来掩盖住自我是毫无意义的，因为我们依然是不快乐的。明白了这一点，那个不快乐的人、那个处于悲伤之中的人，就不会跑去寻找精神导师了，也不会躲进占有和权力之中；相反，他渴望去认识悲伤背后存在些什么。假如你去探究自己的悲伤，就将发现你是极为渺小、空虚、有限的，就将发现你是在努力着想要获得什么、想要变成怎样。而这种想要获得、想要变成怎样的努力，正是悲伤的根源。但如果你开始认识到你的自我、你的本来面目，并且深入地予以探究，那么你会看到即将出现某种截然不同的事物。

问：假如一个人正饥肠辘辘，而我感觉自己能够对他有所帮助，那么这是野心还是爱呢？

克：他正饥肠辘辘，而你用食物来帮助他，这是爱吗？你为什么想要去帮助他呢？除了怀有帮助他的渴望之外，你难道就没有任何其他的动机了吗？你难道不会从中获得任何益处吗？好好思考一下这个问题，不要急着回答"是"或"否"。假如你想从中寻求某种政治上的或其他方面的好处，某种内在的或外在的好处，那么你对他就不是爱。假如你向他提供食物是为了变得更受欢迎，或者希望你的朋友们帮助你在国会占据一席之地，那么这就不是爱，难道不是吗？然而假若你爱他，你就会向他提供食物，丝毫没有任何隐蔽的动机，不会想要任何的回报。倘若你给他提供了食物但他却并不因此而心存感激，你会否感觉受到了伤害呢？如果是的话，那么你就并不爱他。假如他告诉你以及其他人说你是一个多么好的人，而你因这种奉承开心不已，那么这就意味着你所考虑的只是你自己罢了，显然这也不是爱。因此，一个人必须要非常警觉地去探明自己是否希望从对他人的帮助中获得任何好处，以及自己向饥饿者供食究竟是出于怎样的动机。

问：我们应当请求神赐予我们些什么呢？

克：看来你对神怀有浓厚的兴趣，不是吗？这是为什么？因为你的心灵寻求着某物、渴望着某物，于是它便总是处于躁动不安之中。假如我期待着能从你那里获得某物的话，那么我的心灵也会躁动不安，难道不是吗？

这个男孩想要知道自己应当向神寻求些什么，他不知道什么是神，或者什么才是自己真正想要的。人们普遍存在着一种忧虑之感，觉得"我必须要有所寻求，我必须要祷告，我必须要得到保护"。心灵总是在每一个角落都寻求着能得到些什么，它总是有所渴望，总是急切地想要抓住些什么，总是在观察、奋进、比较、判断，因此它永远得不到宁静。审视一下你自己的心灵，你会发现它在做些什么，你会发现它试图去控制它自己，试图去主导、去压制、去找到某种形式的满足，不断地乞讨、恳求、斗争和比较。我们称这样的心灵为机敏，然而它是机敏的吗？显然，一个机敏的心灵是静寂的，而不会像一只蝴蝶般四处追逐。只有静寂的心灵才能够去认识神，一个静寂的心灵永远不会去恳求神赐予它些什么；只有枯竭的心灵才会去乞讨、去寻求，而它将永远无法得到它所恳求的事物，因为它真正想要的是安全、舒适和确定。假如你对神有所求，那么你终究会与他擦身而过。

问：什么是真正的伟大？而我怎样才能够变得伟大呢？

克：你知道，我们渴望伟大，这是一件极为不幸的事情。我们全都想要变得伟大，我们希望能够成为一位伟大的领袖或者登上首相的宝座，我们想要成为伟大的发明家、伟大的作家。为什么？在我们生活的所有领域，诸如教育或者宗教领域，我们全都有可供效仿的榜样。伟大的诗人、伟大的演说家、伟大的政治家、伟大的圣人、伟大的英雄——这些人被确立为榜样，而我们则渴望能像他们一样。

那么，当你渴望能像某人那样时，你便已经制造出了一种行为的模式，不是吗？你局限住了自己的思想，你将它束缚在了某些限制之内。于是你的思想就被定型了，变得狭隘、有限和窒息。你为什么渴望伟大呢？你为什么不去观察一下自我并且理解它呢？你知道，在你渴望能像某人那样的那一刻，便会有痛苦、冲突、嫉妒和悲伤存在。假如你渴望能像佛陀那样，会发生些什么呢？你会无休无止地试图去实现这一理想。如果你很愚蠢，而你渴望变得聪明一点儿，那么你便会不断地试图离开你原来的样子并且超越它。如果你很丑陋，而你希望能变得美丽一些，那么你便将不断地渴望着美丽，直至死亡的那一天，或者你会欺骗自己说你很美丽。因此，只要你努力想要成为真实的自我之外的样子，你的心灵就只是在消磨自己而已。但假如你说："我就是这个样子的，这是事实，我将要去探究和认识自我"，那么你便能够有所超越了；因为你将会发现，对自我的认知会带来伟大的宁静与满足，会带来伟大的洞见、伟大的爱。

问：爱难道不是基于吸引吗？

克：假设你被某位美丽的女性或是英俊的男子所吸引，这有什么错误吗？当你被一个女人、男人或是孩子所吸引时，通常会发生些什么呢？你不仅想要同这个人在一起，而且你还渴望去占有他，渴望将他视为你自己的所有物。你的身体必然会紧挨着那个人的身体。所以你做了些什么呢？事实是，当你被吸引时，你会渴望将其占为己有，你会不希望那个人多看其他人一眼。当你将某个人视为自己的私有财产时，会有爱存在吗？显然不会。你的心灵在那个人的周围竖起了一根根贴有"我的"这一标签的树篱，而就从这一刻开始，爱便消失无踪了。

事实是，我们的心灵始终都在这么做着，这便是为什么我们要讨论这些事情的原因。去探明心灵是如何活动的，或者说去觉察到它自己的运动，如此一来心灵便会自动宁静下来了。

问：什么是祈祷？它在我们的日常生活里是否很重要呢？

克：你为什么祈祷？什么是祈祷呢？大多数祈祷都只是一种恳求。当你感到痛苦时，你会沉溺在这种祷告之中；当你觉得十分孤独，当你倍感沮丧，当你身处悲伤之中，你会去寻求神的帮助，因此你所谓的祈祷便是一种恳求。祈祷的形式或许会有变化，但它背后的意图通常都是相同的。大多数人的祈祷都是一种恳求、一种乞讨、一种请求。你是否正在这么做呢？你为什么要祈祷呢？我并不是说你应当祈祷或者不应当祈祷。但是你为何会祷告呢？是为了更多的知识、更多的宁静而祈祷的吗？你是在祈祷世界能够从悲伤中解脱出来吗？是否存在着其他类别的祷告呢？有一种祈祷，它实际上并不是一种祷告，而是一种善的流露、爱的释放、理念的散发。你所做的是什么呢？

当你祈祷时，通常来说你会恳请神或者某位圣人去填满你内心的空虚之碗，不是吗？你不满于所发生的，不满于所给予的，但是你希望你的碗钵能够依照你的意愿被填满。因此你的祈祷就只是一种恳求，你的祈祷是要求自己应当被满足，所以这完全不是祈祷。你对神说道："我很痛苦，请赐给我开心和满足；请把我的兄弟、把我的孩子还给我；请让我富有。"你想使自己的要求永存不朽，而这显然并不是祈祷。

真正有价值的事情是要去认识你自己，去明白为什么你穷其一生都在寻求某物，为什么在你的身上会有这种想去恳请、去乞求的急迫愿望。通过意识到自己的所思所感而对自我认识得越多，你就越会发现关于自我的真理，正是这种真理帮助你获得自由。

问：为什么当我们成功时会感到骄傲呢？

克：什么是成功呢？你可曾思考过，所谓的成功，诸如成为一名作家、诗人、画家、商人或是政客，这种成功指的是什么呢？感到你在内心取得了对自我的某种驾驭，而其他人则未能如此；或者感到你在其他人失败的领域里获得了成功；感到你比其他某个人更为优秀；感到你已经变成了一个成功之人；感到你受人尊敬、被其他人当作一个榜样来仰视——所有这些表明了什么呢？当你有了这种感觉时，自然便会有骄傲存在：我做了某事，我很重要。这种关于"我"的感觉，本质上便是一种骄傲感。因此骄傲伴随着成功而生，为自己比其他人更重要而骄傲。这种你与他人的比较同样也存在于你对榜样、对理想的追求之中，它给予了你希望，给予了你力量、目的和驱动力，而这些只会强化"我"，强化那种你觉得自己要比其他人更加重要的愉悦感。而这种感觉，这种愉悦感，便是骄傲的开始。

骄傲会带来自负，带来一种自我本位的膨胀。你可以在成年人身上以及你自己的身上看到这一点。当你通过了某个考试并感觉自己要比其他人聪明一些时，你就会生出一种愉悦之感。同样的，当你在某场争论中战胜了他人，或者当你觉得自己的身体要比他人更为强健或者美丽——你就会立即生出一种自己十分重要的感觉。这种"我"很重要的感觉无疑会带来冲突、争斗和痛苦，因为你不得不始终保持着你的重要性。

问：我们能够摆脱骄傲的束缚吗？

克：假如你真正聆听了我对前面问题的回答，你就该知道如何摆脱骄傲的束缚，你就会从骄傲中解放出来。然而你关心着怎样去提出下一个问题，不是吗？因此你没有在听。如果你真的听了我所说的内容，你便会凭借着自己的力量去探明关于该问题的真理了。

假设我很骄傲，因为我获得了某种事物。我当上了首长，我去过英国或美国，我做了伟大的事情，我的照片被刊登在了报纸上，诸如此类。由于倍感骄傲，于是我便对自己说道："我怎样才可以摆脱骄傲的束缚？"

那么，我为什么想要从骄傲中解放出来呢？这才是重要的问题，而不是如何去摆脱。动机是什么？原因是什么？诱因是什么？我是因为发现骄傲于我有害，会带给我痛苦，会污染我的精神，于是想要摆脱骄傲吗？假如这便是动机，那么努力使自己从骄傲中解放出来便是另一种形式的骄傲，不是吗？我依然关注于获得。由于发现骄傲是令人痛苦的，在精神上是丑陋的，因此我便声称自己必须要从它的束缚中解脱出来。而"我必须要解脱"与"我必须要成功"的动机是一样的。"我"仍然是重要的，是我努力去获得解脱的中心所在。

所以，重要的不是如何从骄傲中解放出来，而是要认识到"我"。认识到"我"是如此的诡异：它今年想要这个东西，明年又渴望那个东西；当这些被证明是令人痛苦的，它便会去渴望其他的事物了。因此，只要"我"这一中心存在着，无论一个人是骄傲还是所谓的谦卑，都将是毫无意义的，它们只是披着不同的外衣罢了。当某件外衣吸引了我时，我就会把它穿上；第二年，由于我的幻想、我的欲望，我会穿上另一件外衣。

你必须要认识的，是这个"我"是如何形成的。"我"是通过不同形式的获得而形成的。这并不意味着说你不应该行动，而是必须要去理解你在行动的感觉，你有所获得的感觉，你必须没有丝毫骄傲的感觉。你必须要认识到"我"的结构。你必须要意识到你自己的思想；必须要观察你是如何对待仆人、对待你的父母以及你的老师的；必须要意识到你是怎样看待那些高于你的人和居于你之下的人的，怎样看待那些你尊敬的人，又是怎样看待你所轻视的人的。这一切都揭示出了"我"的方方面面。通过对"我"的各方各面的认识，便能从"我"中解放出来。这才是真正重要的，而不是如何去摆脱骄傲的束缚。

问：尽管我们在各个方面都取得了进步，但为什么没有任何的兄弟情谊呢？

克：你所谓的"进步"指的是什么呢？从牛车到直升机——这是进步，不是吗？古代的交通方式是极为缓慢的，而现在则十分快捷。由于有了卫生设施、有了适当的营养与药物治疗，人类在身体健康方面也有着长足的进展。所有这些都是科技的进步，然而我们并没有在兄弟情谊上同样得到发展或推进。

那么，兄弟情谊是一个有关进步的问题吗？我们知道我们所谓的"进步"指的是什么，它是进化、是经由时间的推演实现某物。科学家声称我们是从猿猴进化而来的，他们认为，经过了几百万年的演变，我们从最低等的生命形态进化到了最高等的生命形态，那便是人类。然而兄弟情谊是一个进步的问题吗？它是某种能够通过时间得到进化的事物吗？有家族的凝聚，有某个社会或国家的团结统一，而国家的下一步便是国际主义，尔后出现了"一个地球"的理念。这"一个地球"的概念，便是我们所谓的兄弟情谊。然而兄弟般的感情是一个进化的问题吗？兄弟情谊是经由家族、社群、国家主义、国际主义以及世界大同这几个阶段被缓慢培育起来的吗？兄弟情谊便是爱，不是吗？而爱是一步一步被培养的吗？爱是一个时间的问题吗？你理解到我在谈论些什么吗？

假如我声称十年、三十年或者一百年之后将会有兄弟情谊存在，那么这说明了什么呢？显然，这说明我并未怀有爱，我并没有兄弟之情。当我说："我将会如兄弟般亲切，我将会去爱"，实际的情形是我并未去爱，我并不怀有兄弟情谊。只要我用"我将会"这一术语来思考，那么我就处于还未实现的状态。但如果我将这种在将来如兄弟般友爱的概念从我的心灵中移除的话，我便能够看到现在的我是何模样了，我便能够发现我并未怀有兄弟友爱，于是我会开始去探明原因。

认识现在的我和推测将来的那个我，二者中哪个是重要的呢？显然，重要的是要去认识现在的我，因为尔后我便能够有所应对了。将来的我在未来，而未来是不可预测的。实际的情形是我并不怀有兄弟之情，我没有真正地去爱。由于意识到这一事实，于是我便可以开始着手，我便可以立即去做些什么来改善现状。然而声称一个人在未来将会怎样，是一种简单的理想主义，而理想主义者是一个逃避自我的人，他从实际中逃离，而实际只能够在当下被改变。

问：*爱的本质是什么？*

克：什么是本质的爱呢？你指的是什么呢？什么是没有动机、没有诱因的爱呢？仔细聆听，你将会有所探明。我们正检验着这一问题，我们还没有寻找到答案。在学习数学或者提出某个问题时，我们大多数人更为关心的是找到答案，而不是理解问题。假如你对问题予以探究、检验和理解的话，你将会发现答案便在问题之中。因此让我们去认识问题本身吧，而不是在《薄伽梵歌》《古兰经》《圣经》或某位教授、某场讲座中寻求一个解答。如果我们能够真正理解了问题本身，那么蕴藏在问题之中的答案便会呼之欲出了，因为答案与问题并不是分离的。

问题是，什么是没有动机的爱呢？能否存在着没有任何动机，不渴望任何回报的爱？能否有这样一种爱，当没有得到回应时不会感到受伤呢？倘若我给予你友情而你转身逃开了，难道我不会受伤吗？这种受伤的感觉是友谊的结果吗？是慷慨、是同情的结果吗？显然，只要我感觉受到了伤害，只要存在着恐惧，只要我帮助你是因为希望你可以回报我——也就是所谓的服务——那么便不会有爱存在。

假如你理解了这一点，你便会有了答案。

问：什么是宗教？

克：你是希望从我这里得到一个答案，还是希望凭借自己的力量去探明呢？你是否想从某人那里寻找到解答，无论此人是伟大还是愚蠢？又或者你真的试图去探明有关宗教的真理吗？

要探明什么是真正的宗教，你就必须要把挡在路上的一切都推开。假如你的窗户被涂上了颜色或者脏兮兮的，而你渴望看到明媚的阳光，那么你就必须得把窗户抹干净或者打开它，又或者干脆走到户外去。同样的，想要探明什么是真正的宗教，你就得首先明白什么不是宗教，并且将其抛到一旁，如此一来你便能够去探明真正的宗教了，尔后你将会有直接的感受。因此让我们去探明什么不是宗教吧。

做礼拜，举行某种仪式——这是宗教吗？你在某个祭坛或神像前一遍又一遍地重复着某种仪式，它或许可以给予你某种愉悦感、某种满足感，但这便是宗教吗？穿上神袍，称自己为印度教徒、佛教徒或者基督徒，接受某些传统、教义和信仰——这一切同宗教有任何关系吗？答案显然是否定的。所以，只有当心灵已经理解了这一切并且将其抛在一边时，才能够去发现宗教的真谛。

从真实的字面意义上来理解宗教，它不会带来隔离，不是吗？然而当你是个穆斯林而我则是基督徒，或者当我信仰某物而你却并不相信的时候，会发生什么呢？我们的信仰使我们分隔开来，我们的信仰同宗教毫无关系。无论我们是信仰神还是不信神，都没有任何意义。因为我们信什么、不信什么，是由我们的环境所决定的，难道不是吗？我们周围的社会、孕育我们成长的文化环境，都使心灵印上了某种信仰、恐惧和迷信，我们将这些称为宗教，但它们其实同宗教无关。你信仰这个而我却信仰那个，这情形在很大程度上取决于我们碰巧出生在哪儿，是在英国、印度、俄国，还是在美国。因此信仰不是宗教，它只是我们所身处的环境的结果。

尔后便会有个人救赎的追求。我渴望获得安全；我希望达至涅槃，或者去往天堂；我必须寻到一处能够靠近耶稣、靠近佛陀、靠近神的地方。你的信仰没有让我获得深刻的满足与慰藉，于是我便去皈依某种能向我提供满足和慰藉的其他信仰。这便是宗教吗？显然，一个人的心灵必须要摆脱所有一切的束缚去探明什么才是真正的宗教。

宗教只是行善、服务或帮助他人的问题吗？这并不意味着说我们不应该与人为善、为人慷慨。但这难道就是宗教的全部吗？宗教难道不是某种比心灵所构想的任何事物都要更加伟大和纯洁、更加博大与宽广的事物吗？

因此，想要懂得什么才是真正的宗教，你就得深入地探寻这一切，就得从恐惧中解放出来。这就犹如离开一个黑屋子，走到阳光里去一样。尔后你就不会再问什么是真正的宗教了，因为你将知道答案，你将会对真理拥有直接的体验。

问：假如某个人不快乐，而他渴望自己能够快乐起来，那么这是欲望吗？

克：当你遭受痛苦时，你会渴望摆脱苦痛，这并不是欲望，而是每个人的自然本能。不会有恐惧，不会有生理上或情感上的苦痛，这是我们所有人的自然本能。然而我们的生活却是在不断地体验着痛苦：我吃的食物让我肚子痛；某个人对我说了些什么，而我因此感觉受到了伤害；我被阻止去做某些我渴望已久的事情，于是我便觉得沮丧和不快；我难过不已，因为我的父亲或儿子过世了，诸如此类。生活不断地作用于我，无论我是喜欢还是讨厌，因此我便总是会受到伤害，总是会感到气馁，总是会有痛苦的反应。所以我必须要去做的，便是要认识到这整个的过程。然而你知道，我们中的大多数人并没有这样去做。

当你内心感到痛苦时，你会做些什么呢？你向某个人寻求咨询，你阅读一部书籍，你收听广播，或者前去做礼拜。所有这些都表明你试图从痛苦中逃离。假如你逃离了某种事物，显然你就没有理解它。但如果你审视你的痛苦，每时每刻都去观察它的话，你就会认识到包含在它里面的问题，而这不是欲望。当你逃离痛苦时才会有欲望滋生，或者当你依附于它，当你与它抗争，当你逐渐在它的周围树立起了理论和希望时，才会有欲望出现。在你逃离痛苦的那一刻，你所逃离的事物就会变得重要起来，因为你使自己与它相认同。你使自己与你的国家、你的职位、与你的神相认同，相关联，而这才是一种欲望的形式。

问：美是客观的还是主观的？
克：你看到某个美丽的事物，比如从你门前流淌而过的一条河；或者你看见一个衣衫褴褛的孩子在哭泣。假如你缺乏感受力，假如你对周遭的一切都毫无觉知，那么你就只是在虚度年华，而这种生活状态是毫无价值的。一位妇人从路上经过,她头顶重物,衣衫褴褛,又累又饿。你是否意识到了她的步态之美?是否对她的身体处境有所感受?你是否看见了她身上那件纱丽的颜色,尽管它或许布满了尘土?这些便是存在于你周围的客观影响,如果你不具有感受力,那么你就永远无法欣赏到它们,不是吗?

拥有感受力,便是不仅要意识到那些被称作为美的事物,而且还要意识到那些被唤作为丑的事物。河流、绿色的田野、远处的树木、夜色阑珊——这些是被我们称为美的事物。浑身脏兮兮、饥肠辘辘的村民,生活在悲惨处境中的人们,或者那些几乎没有思考或感受能力的人们——我们将这些称作为丑陋。那么,假若你去观察的话,你会看到我们大多数人所做的便是去依附于美的事物,而对丑陋的事物则予以排斥。然而重要的是,我们对那些被称为丑陋的事物也要像对待那些美丽的事物一样具有相当的感受力,不是吗?正是由于缺乏这种感受力,才导致我们将生活划分为了丑陋与美丽。但假如我们对丑的事物也能够像对待美的事物那般抱持一种开放、接纳的心态,拥有相同的感受力,那么我们便会发现它们都是充满意义的,而这种认知会使生活变得丰富和充实。

因此,美究竟是主观的还是客观的呢?如果你是一个盲人,如果你耳聋,无法听见任何音乐,那么你就不再拥有美了吗?又或者美是一种内在的事物吗?你可能无法用眼睛来看,你可能无法用双耳来聆听,但假若这种生存体验真正是开放的,是对一切都具有感受力的,假若你深刻意识到了你的内心所发生的一切,意识到了你所有的思想与情感,那么美不也会存在于内心吗?然而你看,我们以为美是一种外在于己的事物。这便是为什么我们会购买画作,然后将它们悬挂在墙壁之上。我们希望拥有美丽的纱丽、衣服和头巾，我们渴望美丽的事物能够环绕在自己的周围；因为我们担心，倘若没有一个客观的提醒物，我们便会失去内在的事物。但是你能够将生活、将存在的整个过程划分为主观与客观吗？它难道不是一个整体的过程吗？没有外在便无所谓内在；没有内在，也就无外在可言。

问：为何会有恃强凌弱？

克：你是否会压迫弱小呢？让我们探明一下该问题的答案吧。在一场争论中，或者在身体力量方面，你难道不会把你的弟弟、把那个比你幼小的人推到一边吗？为什么？因为你希望维护自己，你想要显示你的力量，想要展示出你是多么优秀或者有力量，于是你便占据支配地位，把那个小孩子推开，你以势欺人。成年人也是如此，他们比你要高大，他们通过阅读书籍知道了比你稍微多一点儿的知识，他们拥有地位、金钱和权威，于是他们便去将你压制，便去把你推开。你接受了被推开的命运，尔后你回过头来又去压迫那些低于你的人。每一个人都想要维护他自己，想要居于支配地位，想要显示出他拥有超越他人的力量。我们大多数人都不希望是一介无名之辈，我们渴望功成名就。而显示出具有超越他人的力量则提供给了我们满足感，让我们觉得自己是个人物。

问：为什么大鱼会吞小鱼？

克：在动物的世界里，或许大鱼以吃小鱼为生是一种自然的现象，这是我们无法去更改的事情。但是强大的人不必以压制弱小的人为生。假如我们懂得如何去运用我们的智慧，那么我们便会停止"人吃人"的残忍，不仅是在身体层面，而且也是在心理层面。看到这一问题并且理解它，需要拥有智慧，需要人与人之间不再彼此相食。然而我们大多数人都想以压制他人为生，于是我们便去利用那些比自己弱小的人。自由并不意味着为所欲为，只有当智慧存在时，才能够有真正的自由；而只有通过理解了你与我之间的关系，理解了我们每一个人同他人之间的关系，智慧才会到来。

问：**什么是死亡？**

克：你看过被抬往河边的尸体；你看过凋零的落叶、枯死的树木；你知道水果会逐渐腐烂。早上还生机勃勃、互相追逐和叫唤的鸟儿，到了晚上却死去了；今天还活生生的人，明天或许便被灾难击倒了。我们目睹着这一切正在上演。死亡对于我们所有人来说都是一样的，因为我们终会走向死亡。你或许可以活到30岁、50岁或者80岁，享受欢乐、遭受痛苦、充满恐惧；而到了生命的终点，你便不会再有欢乐、痛苦或恐惧了。

我们所谓的生命指的是什么呢？我们所谓的死亡指的又是什么呢？假如我们能够探明该问题的答案，假如我们能够理解何为生，那么或许便可以认识何为死了。当我们失去了某个自己所爱的人时，我们会感到失落，感到孤独；因此我们声称死亡与生命无关，我们将死亡与生命分隔了开来。但死亡同生命是分离的吗？生命难道不就是一种死亡的过程吗？

在死亡中结束的是什么事物呢？是生命吗？什么是生命呢？生命难道只是一种吸入氧气、尔后又排放出二氧化碳的过程吗？进食、憎恨、热爱、获得、占有、比较、嫉妒——这便是我们大多数人所认为的生命。对于大多数人来说，生命便是遭受痛苦，是痛苦与快乐、希望与挫败之间的不断交战。而这一切难道不能够结束吗？我们不应该死亡吗？在秋季，天气开始转冷，叶子从树上飘落下来；而到了春暖花开之时，树枝上又会再次吐露新绿。同样的，我们难道不应当终结昨日的一切，终结我们所有的累积与希望，终结我们所累积的成功吗？我们难道不应该终结一切，尔后在明日去揭开崭新的一页，就像一片新鲜的叶子那样吗？因为如此一来，我们就会是鲜活的、温柔的、拥有感受力的。对于一个不断在除旧布新的人来说，是没有所谓死亡的。然而对于那个声称——"我是大人物，我必须存续下去"——的人而言，死亡便是一种常态，而他是不懂得何为爱的。

问：真理是相对的还是绝对的？

克：首先，让我们透过词语的表面来审视该问题的重要性。我们渴望某种绝对的事物，不是吗？人类渴望某种永恒的、确定的、不会改变的事物，某种不会衰败、没有死亡的事物——某种永恒的理念、感觉或状态，如此一来心灵便能够去依附于它了。在我们能够理解该问题并且正确地予以解答之前，必须要首先认识人类的这种渴望。

人类的心灵在所有事物诸如关系、财产和美德之中都渴求着永恒，它渴望着某种无法被毁坏的事物。这便是为什么我们声称神是永恒的，或者真理是绝对的。

然而什么是真理呢？真理是某种特别神秘的事物、某种极为遥远的事物，某种无法想象的抽象之物吗？又或者真理是某种你每时每刻、每日每夜都在发现的事物吗？假如它能够通过经验而被累积的话，那么它便不是真理；因为在这种累积的背后，存在着同样的渴望获得的心态。假如它是某种遥远的事物，只能通过冥想的方法被发现，或者通过拒绝和牺牲的行为被探明的话，那么它也不是真理，因为这同样也是一种渴望得到的过程。

我们可以在每一个行为、每一个想法、每一种感觉中发现和理解真理，尽管这些行为、思想和感觉是琐碎或短暂的；我们可以在每时每刻观察到真理；我们可以在丈夫和妻子所说的话语中聆听到真理，在园丁所说的话中、在你的朋友们所说的话中、在你自己的思想过程中聆听到它。你的思想或许是错误的，它可能是被限定的、有局限的；而发现到你的思想是限定的、局限的，这便是真理。这种发现将你的心灵从局限中解放了出来。如果你发现自己是贪婪的——如果你认识到了这一点，而不是由其他人告知给你的——那么这种发现便是真理，而这一真理有它自己的行为，该行为超越了你的贪婪。

真理不是某种你能够去累积和储存，尔后将其作为指引来依赖的事物，这是另一种形式的占有。而对于心灵来说，要做到不去获得、不去储存是非常困难的。当你认识到了这一点的重要性时，你便会发现真理是一种何等非凡的事物了。真理是永恒的，然而在你捕捉到它的那一刻——就在你声称"我发现了真理，它是我的"的那一刻——它便不再是真理了。

因此，真理是"绝对的"还是永恒的，取决于心灵。当心灵说："我渴望某种绝对的、永远不会衰败的事物，某种不知道何为死亡的事物"时，它真正想要的是某种可以去依附的永恒之物，于是它便创造出了永恒。

然而当一个心灵意识到了外部以及自身内部所发生的一切，并且懂得了这一真理时——这样的心灵便是永恒的，只有这样的心灵才能够认识到那超越了名称、超越了永恒与短暂的事物。

问：什么是外部的意识？

克：你难道没有意识到你正坐在这座礼堂里吗？你难道没有察觉到树木和阳光吗？你难道没有听到乌鸦正发出沙哑、粗糙的叫声，狗儿正在吠叫吗？你没有看到花朵的颜色、树叶的摇摆以及人们的经过吗？这些便是外部的意识。当你看到夕阳西下、夜幕上的星辰、水面上浮动的月光时，所有这些便是外部的意识，不是吗？正如你可以察觉到外部事物一样，你也能够意识到自己内在的思想与情感，意识到你的动机和欲望，意识到你的偏见、嫉妒、贪婪和骄傲。假如你真的拥有外部的意识，那么你内在的觉知也会开始苏醒，你会越来越觉知你对他人言论的反应，觉知到你对自己所读到的内容的反应，诸如此类。你与他人关系里的外部的反应或回应，是你内心的企盼、希望、焦虑和恐惧等状态的结果。这种外部的和内部的意识是一个整体的过程，该过程带来了人类理解力的完全结合。

问：什么是真正的、永恒的快乐？

克：当你完全健康时，你不会注意到你的身体，不是吗？只有当出现了疾病、不适和痛苦时，你才会意识到它。当你自由地、毫无阻力地思考时，你不会意识到思考。只有在出现了摩擦、阻碍和限制时，你才会意识到思想者的存在。同样的，幸福是某种你可以去意识到的事物吗？

在欢乐的时刻，你意识到了自己的喜悦吗？只有在你不快乐的时候，你才会渴望快乐，于是便出现了如下问题："什么是真正的、永恒的快乐？"

你知道心灵是如何开自己的玩笑的。由于你不快乐、悲伤，处于穷困的处境之中，诸如此类，于是你便渴望某种永恒之物，渴望一种永久的快乐。这样的事物是否存在呢？不是去询问永恒的快乐，而是去探明如何摆脱那正在啃噬着你、导致你身心痛苦的疾病。当你自由的时候，没有任何难题，你不会去询问是否存在着永恒的快乐或者快乐是什么。只有那处于监狱之中的懒惰、愚蠢之辈，才会想知道自由是什么。对于一个监狱里的囚徒来说，自由只是设想。但如果他走出了那座监狱的话，他便不会去推测何为自由了，因为自由就在那儿。

所以，真正重要的是要去探明我们为何会不快乐，而不是去询问什么是自由。心灵为什么会裹足不前？为什么我们的思想是有限的、褊狭的？假如我们能够理解了思想的局限性并且懂得关于这一问题的真理，那么在这种对真理的发现中便会有解放存在了。

问：人们为什么会渴望各种事物？

克：当你饥肠辘辘的时候，你难道不会渴望食物吗？你难道不想有衣服穿，不想有房子可以遮风挡雨吗？这些都是正常的欲望，不是吗？健康的人很自然地会意识到他们需要某些事物，只有身患疾病或者精神失常的人才会说："我不需要食物。"而一个扭曲了的心灵，要么拥有许多的房子，要么头上片瓦无存。由于你使用了能量，因此你的身体会感到饥饿，于是它便渴望更多的食物，这是正常的。但如果你说："我必须要有最可口的食物，有且只有一种食物才能让我的舌头感到愉悦。"那么扭曲便开始了。我们所有人——不单单只是那些富人，而是世上的每一个人——都必须要有食物、衣服和居所；然而倘若这些生理需求是有限的、被控制的，只有少数人可以获得，那么便会有扭曲存在，一个违反自然的过程便会上演。如果你说"我必须要累积，我必须要拥有一切"，你就是在剥夺他人的日常所需。

你知道，这一问题并不简单，因为我们除了日常生活的必需品之外还渴望拥有其他的事物。我或许可以满足于很少的食物、很少的衣服以及很小的房子，但是我还渴望其他的事物：我想要成为一个知名人士，我想要拥有地位、权力和名望，我想要离神最近，我想要我的朋友们对我抱持好感，诸如此类。这些内在的渴望扭曲了每一个人的外部的兴趣。这一问题有些困难，因为想成为最富有的人或者最有权力的人、想功成名就的内心欲望依赖于它对事物的占有和满足，包括食物、衣服和居所。为了内心的富足，我依赖于这些事物；然而只要我处于这种依赖的状态，那么我就不可能实现内心的富足，即无法做到内心的彻底澄明。

问：智慧是否塑造了个性？

克：我们所谓的"个性"指的是什么？我们所谓的"智慧"指的是什么？每一位敲击着讲桌、滔滔不绝发表演讲的传教士，都在不断地使用着诸如"个性""理想""智慧""宗教""神"这类词语。我们全神贯注地聆听着这些词语，因为它们看起来似乎非常重要。我们大多数人都依赖词语，词语越是精致、越是高雅，我们就会越感到满意。因此，让我们去探明我们所谓的"智慧"和"性格"指的是什么吧。不要说我没有给你确切的回答，寻求解释或结论，是心灵的小把戏之一，它意味着你并不想去探究和理解，而只是想遵循词语的指示罢了。

什么是智慧呢？假如一个人感到恐惧和焦虑；假如他心怀嫉妒和贪婪；假如他的心灵只是在复制与模仿，只是充斥着他人的经验和知识；假如他的思想被社会和环境所局限、所定型——这样的人是否拥有智慧呢？答案显然是否定的，不是吗？一个深感恐惧、缺乏智慧的人能够拥有个性吗？个性是一种具有独创性的事物，而非仅仅是去重复传统的"做"和"不做"。个性是一种值得尊敬的事物吗？

你是否理解"值得尊敬的事物"意指为何呢？当你得到周围大多数人的仰视和尊敬的时候，你是值得尊敬的。而大多数人——家人和大众，尊敬的是什么呢？他们尊敬那些自己所渴望的事物，尊敬那些他们将其视为目标或理想的事物，尊敬那些相比之下要高于他们自身状态的事物。假若你很富有、很有权力，或者在政治舞台上享有盛名，或者撰写过成功的书籍，那么你就会受到大多数人的尊敬。你所说的或许是一派胡言，然而当你谈话的时候，人们会洗耳恭听，因为他们把你看作是伟大人物。当你赢得了众人的尊敬、成为大家的拥护对象时，你会感觉自己是值得尊敬之人，你会有某种成功感。然而所谓的有罪之人可能要比值得尊敬的人更接近神，因为后者披着伪善的外衣。

模仿能塑造出个性吗？因害怕他人会说些什么而畏首畏尾能塑造出个性吗？个性是否只是一个人自身的倾向和偏见的强化？个性是对传统的支持吗？无论它是印度的、欧洲的还是美国的传统？这就是我们普遍所说的具有个性——成为一个拥护当地传统并因而受到众人尊敬的强有力的人。当你感到恐惧时，会有智慧存在吗？会有个性存在吗？模仿、遵从、崇拜——这条路会通往尊敬之路，但是却不会走向认知。一个心怀理想的人是值得尊敬的，然而他却永远无法接近神，永远无法懂得什么是爱，因为他的理想只是一种用以掩盖自身的恐惧、模仿和孤独的手段罢了。

所以，倘若没有认识自我，没有意识到在你自己的心灵中所运作的一切——你是如何思想的，你是否在复制和模仿，你是否感到恐惧，你是否寻求着权力——那么就不可能会有智慧存在。正是智慧创造出了个性，而不是英雄崇拜或者对某个理想范式的追求创造了个性。认识你自己，认识你那格外复杂的自我，便是智慧的开始，而智慧则会显露出个性。

问：我们能否不去培养理解呢？当我们不断地试图去理解时，就意味着我们是在实践着理解，难道不是吗？

克：理解是可以被培养出来的吗？它是某种能够像你打网球、弹钢琴或者唱歌跳舞那样被实践的事物吗？你可以反复地阅读一本书，直到你彻底熟悉了该书的内容；理解是像这本书一样、通过不断地重复，通过记忆的培养便能够被学到的事物吗？理解难道不是每时每刻发生，因而也就是无法被实践的事物吗？

你什么时候实现了理解呢？当理解存在时，你的心灵与思想处于何种状态呢？当你听到我谈论了关于嫉妒的真理——嫉妒是破坏性的，嫉妒是导致人际关系堕落的主要因素之一——你对此会做何反应呢？你立即明白关于嫉妒的真理了吗？又或者你开始去思考嫉妒、去谈论它、去对它展开理性的阐释、去对它予以分析吗？理解是一种理性化的过程还是一种缓慢分析的过程呢？理解能够像你的园丁栽种花朵那样被培养起来吗？显然，理解指的是直接地懂得了关于事物的真理，没有任何语词的障碍，没有任何的偏见或动机。

问：每个人都具有相同的理解能力吗？

克：假设有某个真实的事物被呈现在了你的面前，你非常迅速地便懂得了关于它的真理；你的理解是迅捷的，因为你没有任何的障碍。你的内心并没有为自身的重要性所充斥，你急切地想要去探明，因此你便会立即地感知。然而我却有许多的障碍和偏见，我很善妒，我被各种基于嫉妒的冲突给撕扯着，我的内心满是有关自己是如何重要的念头。我在生活里累积了许多问题，我实际上并不渴望去查明；因此我也就没有查明，没有实现理解。

问：一个人难道无法通过不断的努力去理解而慢慢地将障碍移除吗？

克：当然可以。我能够移除障碍，但并不是通过努力去理解，只有当我真正感觉到了没有障碍的重要性时，我才可以将障碍移除——这意味着说我必须要愿意去看到这些障碍。假设你和我听见某人声称嫉妒是具有破坏性的，你聆听了他的话并且理解了其含义，懂得了关于嫉妒的真理，于是你便摆脱了嫉妒的感觉。但是我却并不想去查明关于该问题的真理，我害怕假如我查明了的话，它会摧毁我现有的生活结构。

问：我觉得移除障碍是十分必要的。

克：你为什么会这么感觉呢？你是出于环境的原因而想要去排除障碍吗？你渴望将障碍移除，是因为有人告诉你说你应当如此吗？显然，只有当你凭借自己的力量认识到任何形式的障碍都会制造出一个慢慢腐化的心灵，障碍才能够被移除。而你什么时候会认识到这一点呢？你什么时候会遭受痛苦？遭受痛苦是否必然会唤醒你去意识到排除所有障碍的重要性呢？又或者，与此相反，遭受痛苦会使得你制造出更多的障碍呢？

你将发现，当你开始去聆听、去观察、去探明的时候，所有的障碍都会消散不见。排除障碍是没有任何理由的；在你制造出一个理由的那一刻，你便没有在排除障碍。奇迹和最伟大的神恩，便是让你自己的内心感知到某个移除障碍的机会。可是当你声称障碍必须要被移除，尔后开始实施将其移除的行为时，心灵便无法移除障碍。你必须要明白，你的任何尝试都无法将障碍排除。尔后心灵会变得分外地安宁、分外地静寂；而就在这种静寂之中，你将发现真理。

问：创造的目的是什么？

克：你真的对这一问题感兴趣吗？你所谓的"创造"指的是什么？生命的目的何在？你为什么要生存，为什么要读书、学习、通过各类考试？各种关系，比如父母与子女之间的关系、丈夫和妻子之间的关系，其目的为何？什么是生命？当你问道："创造的目的是什么"的时候，你所指的意思是这个吗？你何时会询问这样一个问题呢？当你的内心没有进入澄明之境时，当你感到困惑和悲伤时，当你处于黑暗之中时，当你没有凭借自己的力量去认识到或者感受到关于这一问题的真理时，你便会渴望去知道生命的目的是什么。

会有许多人告诉你生命的目的是什么，他们会告诉你宗教书籍上对于这一问题的主张，聪慧之士会继续去创造出各种生命的目的。政治团体会有一种目的，宗教组织则会有另一种目的，诸如此类。当你自身混乱不清时，你将如何去探明生命的目的呢？显然，只要你是混乱的，那么你就只能得到一种混乱的答案。假如你的心灵是混乱的，假如它无法实现真正的宁静，那么你所得到的任何答案，都会经由困惑、焦虑和恐惧而产生，因此你的答案便是扭曲的。所以重要的并不是去询问生命的目的为何，而是要去清除存在于你内心之中的混乱。这就犹如一个盲人问道"光是什么？"一样。如果我试图去告诉他什么是光，那么他的聆听便是建立在他的失明、他的黑暗的基础之上；然而从他能够看到的那一刻起，他便永远不会去询问什么是光了，因为光就在那里。

同样的，假如你能够澄清内心的混乱，你就会发现生命的目的是什么了；你将不必去询问，也不必去找寻。要想从混乱中解脱出来，你就必须要发现和理解导致混乱的原因，而那原因极其清楚，它们就深植在那个不断地想要通过占有、通过变成、通过成功、通过模仿来膨胀自身的"我"的身上，其表现就是善妒、贪婪和恐惧。只要你的内心是混乱的，你便会始终从外部寻求答案；当内心的混乱被清除的时候，你就会知道生命的意义何在了。

问：尊敬之中是否存在着恐惧的元素呢？

克：你所说的是什么呢？当你对你的老师、父母和宗教导师表现出尊敬，而对你的仆人颐指气使时；当你对那些于你而言并不重要的人冷漠视之，而对位高权重的人，比如长官、政客和大人物们阿谀奉承时——难道你的尊敬中不存在恐惧的元素吗？你希望从那些大人物的身上，从老师、主考官、教授的身上，从你的父母、从政客或银行家那里获得好处，因此你便会对他们予以尊敬。而那些穷苦之人能够给你什么呢？所以你就对穷人毫不理会、视而不见，即使他们从你身边经过，你甚至都不知道他们在那儿，你不会去看他们一眼，他们在寒风中冻得瑟瑟发抖与你无关，他们又脏又饿与你无关。但是你却对那些有权有势者毕恭毕敬，目的是希望从他们身上得到某种好处。这里面显然存在着恐惧的元素，不是吗？你的这种尊敬里面并没有爱。假如你心中有爱的话，你会尊敬那些一无所有的人，就像你尊敬那些位高权重之人一样，你既不会害怕那些有权有势的人，也不会漠视那些无权无势的人。希望有所得而去尊敬，正是恐惧的结果。在爱中没有所谓的恐惧存在。

问：我们为什么会在那些高我们一等的人面前感到卑微呢？

克：你认为谁是高你一等的人呢？那些知识渊博的人吗？那些拥有头衔和地位的人吗？那些你渴望从其身上得到些什么，诸如得到某种报偿或职位的人吗？在你将某人视为高你一等的时候，你难道不是把其他某个人看作是比你低一等的吗？

我们为什么会有这种高等和低等的划分呢？只有当我们渴望某种事物的时候，这种划分才会出现，不是吗？我觉得在智力上逊色于你，我不像你那么富有，或者我的能力不及你，我不像你一样看上去那么快乐，或者我希望从你那里有所得，于是我便觉得自己低你一等。当我对你充满了嫉妒时，当我试图去模仿你时，或者当我想要从你那里得到某物时，我便立刻成了比你低一等的人，因为我将你放到了一个高高在上的宝座上，我赋予了你一种更为高等的价值。所以，我在心理上创造出了高等人和低等人；我在那些拥有者与贫乏者之间制造了这种不平等感。

人与人之间存在着能力上的巨大差距，不是吗？有的人会设计直升机，有的人则会犁地耕田。这种能力上的巨大差异——智力上的、语词上的、体能上的——是不可避免的。但是你知道，我们给予了某些职业和能力以非凡的重要性。我们认为总督、首相、发明家、科学家要比仆人重要许多，于是职能便成了身份地位。只要我们将地位赋予了某个职业和能力，那么就必然会存在不平等之感，而那些有能力的人与没有能力的人之间的鸿沟就会变得越发难以跨越。假若我们能够使职能与地位脱钩，那么就有可能带来一种真正平等的感觉。然而为了实现这个，就必须要有爱存在，因为正是爱摧毁了低等和高等之分。

世界被划分为了两个阵营：那些拥有的人——富人、有权势的人、有能力的人、那些拥有一切的人——以及那些并不拥有的人。有可能出现一个不存在这种"拥有者"与"不拥有者"的划分的世界吗？实际上，世界上正在发生的是如下的情形：由于看到了这道横在富人与穷人之间、横在能力非凡者与能力较少甚至没有的人之间的鸿沟，于是政治家和经济学家们便试图通过经济和社会的改革来解决这一问题，这或许是对的。然而只要我们没有认识到这种对抗、妒忌和敌意的整个过程，那么真正的革新便永远无法发生；因为只有当这一过程被理解、被认识以及结束的时候，我们的心中才会有爱降临。

问：当我们同环境对抗时，我们的生活有可能拥有宁静吗？

克：我们的环境是什么？我们的环境便是社会，便是我们所处国家的经济、宗教、民族和阶级的环境以及气候风土。我们大多数人都努力去融入、去适应我们的环境，我们希望从中得到一份工作，希望从这一特定的社会里获得利益。然而这个社会是由什么组成的呢？你可曾思考过这个问题吗？你可曾近距离地审视过这个你所生活的社会，这个你努力使自己去适应的社会吗？这个社会是建立在一系列被称为宗教的信仰和传统以及某些经济价值的基础之上的，不是吗？你是这个社会的一部分，你正努力使自己融入其中。然而这个社会却是攫取的产物，是嫉妒、恐惧、贪婪和占有欲的产物，只是偶尔才能闪现出一丝爱的火光。假如你希望拥有智慧、希望无所畏惧、希望不去攫取，那么你能够让自己去适应这样一个社会吗？你能吗？

显然，你必须要创造一个崭新的社会，这意味着作为个体的你必须要从想要有所得、从嫉妒和贪婪中解放出来；你必须要摆脱民族主义、爱国主义以及所有狭隘的宗教思想的束缚。只有这时，才有可能创造出一个全新的社会。然而只要你不加思考地努力使自己去适应当前的社会，那么你就只是在遵循嫉妒、权力、名望和信仰这一日趋腐败的陈旧模式。

因此，在你年轻的时候要去认识这些问题并且实现内心的真正自由，这是极为重要的，因为你将会创造出一个崭新的世界、一个崭新的社会，你将会带来一种全新的人际关系。而帮助你去实现这一切，显然便是教育的真正职责所在。

问：我们为什么会遭受痛苦？我们为什么无法摆脱疾病和死亡呢？

克：卫生设施的改善、适当的生活条件以及富有营养的食物使得人类开始摆脱某些疾病的困扰。通过外科手术以及各种治疗手段，医药科学正试图去找到治疗不治之症（诸如癌症）的良方，一位有能力的医生尽自己所能来减轻和消除疾病。

死亡是可以被战胜的吗？在你这个年纪便对死亡如此感兴趣，这真是一件奇特的事情。你为何会对死亡如此有兴趣呢？难道是因为你看到周围有如此之多的死亡吗？比如看到那些被抬往河边去焚化的尸体。对你而言，死亡是一种熟悉的景象，它与你如此之近，于是你便产生出了对死亡的恐惧。

假如你不是凭借自己的力量去反思和理解死亡的含义，那么你就会永无休止地从一位牧师那里走到另一位牧师身边，从一种信仰转到另一种信仰，试图去寻找到有关死亡这一问题的答案。你理解了吗？不要不断地去询问其他人，而要努力去凭借自己的力量来探明这一问题的真理。不曾试图去探明、去发现，只是询问无数的问题，正是一个卑微心灵的特征。

你知道，只有当我们如此执著于生的时候，才会畏惧死亡。认识了生命的全过程，同样也就懂得了死亡的含义。死亡只是存续的消失，我们害怕无法存续下去；但存续的事物永远无法具有创造力。仔细地思考一下，凭借自己的力量去发现真理。将你从对死亡的恐惧中解放出来的，是真理，而不是你的宗教和理论，不是你对投胎转世说的信仰。

问：什么是服从？在没有理解某个命令的情况下，我们应当去服从它吗？

克：我们大多数人不正是这样做的吗？父母、老师以及那些成年人常对我们说："做这个""做那个"。他们说这句话的时候，或者彬彬有礼，或者带着强迫。由于我们感到害怕，于是我们便去服从。这也正是政府和军队对我们所做的。我们从孩提时代开始便被训练着要去服从这些命令，但却完全不理解它们的含义。我们的父母越是专横，政府越是残暴，我们就越是被强迫。我们在年幼的时候便被塑造、被定型；我们一味地去服从，根本没有理解为什么应该去做那些被告知要去做的事情。我们同样也被告知要思考，我们的心灵清除了那些不为政府、不为当地权威所认可的思想，我们从来没有被教育着去质疑、去探明，而是一味地被要求去服从。牧师告诉我们要如何如何，宗教书籍告诉我们要怎样怎样，而我们自己内心的恐惧迫使我们去服从；假如不去服从的话，我们便会感到混乱和迷失。

我们是如此缺乏思考，于是我们便采取了服从的姿态，我们不想去思考，因为思考是烦扰人心的；想要思考，我们就必须得质疑、得探询，就必须凭借自己的力量去探明。而成年人不希望我们去询问，他们没有耐心去听我们的各种疑问。他们忙于自己的争吵，忙于他们的野心和偏见，忙于他们道德上和责任上的"做"与"不做"。年轻的我们害怕做错事，因为我们也希望值得他人尊敬。难道我们不都渴望着身穿同样的衣服、看起来一个模样吗？我们不希望特立独行，我们不希望独立思考，不希望离群，因为这么做是扰乱性的，于是我们便选择了随波逐流。

无论处在何种年纪，我们大多数人都会去服从、遵循和复制，因为我们的内心害怕不确定感。我们渴望拥有经济上的和道德上的确定感，我们希望被认同，我们想要处在一种安全的位置上，想要被安全的栅栏包围起来，永远不要面对麻烦、痛苦和不幸。正是有意识的或无意识的恐惧，使得我们去服从主人、领袖、牧师和政府。正是对遭受惩罚的恐惧才阻止我们去做对他人有害的事情。因此，在我们所有的行为背后，在我们的贪婪和追逐背后，潜伏着这种对确定性的渴望，对安全感的渴望。倘若没有摆脱恐惧的束缚，只是去服从将是毫无意义的。每时每刻都要意识到这种恐惧，观察它是如何以不同方式显示出自身的，这具有极为重要的意义。只有当摆脱了恐惧的束缚时，你的内心才能生出理解，而不是单纯的知识或经验的累积。

问：社会是建立在我们彼此之间相互依赖的基础之上的。医生必须要依赖农夫生产粮食，而农夫则依赖医生治疗疾病。那么一个人如何能够彻底地彼此依赖呢？

克：生活即关系。甚至流浪的乞丐和苦行者也处于各种关系之中，他或许可以声称自己同世界断绝了关系，然而实际上他却依然与世界相关联。我们无法从关系中逃离出去。对于我们大多数人来说，关系便是冲突的根源。在关系中存在着恐惧，因为我们在心理上依赖于他人，或者依赖自己的配偶，或者依赖父母，或者依赖某位朋友。关系不仅仅存在于你与你的父母之间，你与你的孩子之间，而且还存在于你同你的老师、厨子、仆人、长官、指挥官以及整个社会之间。假如没有认识到这种关系，那么我们就无法摆脱导致恐惧和利用的心理依赖。自由只有经由智慧方会到来。倘若没有智慧，只是寻求独立或试图去摆脱各种关系的束缚，这仅仅是在追逐一种幻象罢了。

因此，重要的是要去认识到我们在各种关系里的心理依赖。当我们揭示出了那些潜藏在思想和心灵里的事物时，当我们理解了自身的孤独和空虚时，自由方会到来。这种自由并非是摆脱各类关系的自由，而是摆脱心理依赖的自由，因为正是心理上的依赖才导致了冲突、苦难、痛苦和恐惧。

问：为何真相会让人不快？

克：假如我认为自己异常美丽，而你则告诉我并非如此，你的看法或许属实，那么我会乐于听到你的这番话吗？会虚心地接纳你所揭示的事实吗？假如我认为自己聪慧无比，而你却指出我实际上是一个相当愚蠢的人，那么你的话肯定会让我觉得十分逆耳。而指出我的愚蠢则会令你产生某种愉悦感，不是吗？因为这能满足你的自负，显示出你是如何的聪明。但是你并不希望去审视你自己的愚蠢，你想要逃离自己真实的模样，想要将自我隐藏起来，想要掩盖你自己的空虚和孤独，于是你便寻找那些永远不会将你的真实模样告诉给你的朋友。你希望向其他人指出他们真实的样子，但是当其他人把你的真实模样告诉给你时，你却十分不高兴。你躲避揭示自己内在本质的事物。

问：到目前为止，我们的老师对于如何教育学生一直都满怀自信，但是在聆听了这儿所说的内容以及参与了讨论之后，他们变得不确定起来。一个聪明的学生将知道在这些情况下如何去做，但是那些并不聪明的人又将怎么做呢？

克：老师们对什么感到不确定呢？应该不会对该教些什么感到不确定，因为他们能够按照通常的课程表来教授数学、地理等学科，这不会是他们不确定的对象。他们所不确定的是如何去应对学生，不是吗？他们在自己与学生的关系中感到不确定。一直以来他们对于自己同学生的关系从来没有予以过格外的关心，他们只是走进课堂，教授课程，然后再步出教室。但是如今他们开始关心自己是否通过施加权威让学生去服从而制造出了学生们的恐惧感，他们开始关心自己究竟是压制了学生，还是鼓励了学生的创造精神并且帮助他去发现自己的真实才干。自然所有这一切都使得他们感到不确定。但是显然教师也应和学生一样感到不确定，他有太多问题要去询问和探寻。这便是生命从开始到结束的整个过程，不是吗？——永远不要停在某个地方然后说："我知道。"

一个聪慧之人永远不会静止不动，他永远不会说："我知道。"他始终在探询，始终不确定，始终在寻找、在探明。在他说"我知道"的那一刻，他便已经没有了生气。无论我们是年轻还是年迈，我们大多数人，由于传统、强制、恐惧，由于官僚主义和我们宗教的荒谬——全都了无生机、死气沉沉、没有活力、没有对自我的信赖。于是老师也必须要去探明。他必须要凭借自己的力量去发现自身的官僚主义倾向，并且停止让其他人的心灵失去活力。这是一个极为困难的过程，它要求大量富有耐心的体谅与理解。

因此聪明的学生必须要去帮助老师，而老师也必须得帮助学生；双方都必须要对那些并不太聪明的或者迟钝的男孩或女孩伸出援手。这便是老师与学生之间以及学生们相互之间的关系。显然，当老师自己感到不确定、展开探询的时候，他会对那些愚钝的学生更有容忍力、耐心和情感，于是这些较为迟钝的学生们的智慧便可以因此被唤醒了。

问：我拥有使我幸福的一切，然而其他人却并不拥有。为什么会这样呢？

克：你为什么会认为事情是像这个样子的呢？你或许拥有健康的体

魄、仁慈的父母、聪明的头脑，于是你便认为自己十分的幸福；然而，某个身患疾病、其父母不太和善、而他自己的脑袋瓜子也不够聪慧的人，却觉得自己并非不幸。那么，为什么会如此呢？为什么你幸福而其他人则不幸呢？幸福难道就在于钞票、名车、豪宅、美食以及和善的双亲吗？这便是你所谓的幸福吗？而一个并不拥有上述这一切的人就必定会感到不幸吗？所以，你所谓的幸福指的是什么呢？探明这一点至关重要，不是吗？幸福难道就在于这种比较吗？当你说"我很幸福"的时候，你的幸福是源于比较吗？

你难道没有听见你的父母说："某某某过得不如我们好"吗？比较使得我们感觉自己拥有某些事物，它给予了我们一种满足感，不是吗？假如一个人很聪明，他将自己与某个在智力水平上不及他的人相比较，于是他便感到十分的快乐。我们通过骄傲、通过比较而认为自己快乐；然而，假如一个人之所以觉得自己幸福，是因为他将自己与另一个拥有事物不及他多的人相比较的话，那么他便是世上最不幸的人了，因为总会有某个人要高于他，要比他拥有的更多。显然，比较不是幸福。幸福是与此截然不同的，它不是一件能够通过寻求而得到的事物。当你去做某件事情是基于真正的热爱而不是因为它能够让你富有或者使你显赫的时候，幸福便会到来。

问：我们怎样才能从恐惧感的束缚中解脱出来呢？

克：首先你必须要知道你所害怕的是什么，不是吗？你或许害怕你的父母，害怕你的老师，害怕不能通过考试，害怕你的兄弟姐妹或者邻居们会说些什么，又或者你可能担心自己不像你那位拥有盛名的父亲一般聪明或良善。我们有各种各样的恐惧，而一个人必须要知道自己所害怕的是什么。

那么，你知道你所害怕的是什么吗？假如你知道的话，那么不要逃离你的恐惧，而是应该去探明你为何会害怕。如果你想知道如何才能从恐惧中解脱出来，你就不应该逃离恐惧，而必须直面它；敢于直面恐惧会帮助你去摆脱恐惧。只要我们试图从恐惧中逃离，那么我们便没有在审视它；然而就在我们停下逃离的脚步去审视恐惧的那一刻，恐惧便开始消散不见了。而逃离正是恐惧的原因。

问：生命里怀有理想难道不重要吗？

克：这是一个非常好的问题，因为你们大家全都有理想。你的理想是消除暴力，是世界和平，又或者是以某个人为典范，不是吗？这意味着什么呢？你并不重要，但理想却非常重要。你所关心的全部，便是去模仿某个人或某种理念。一个理想主义者其实是伪君子，因为他总是试图去变成一个与真实的自己不一样的人，而不是保持和认识自我。

你知道，理想主义是一个极为复杂的问题，而你之所以不理解这一问题，是因为从来没有人鼓励你去对它展开思考，从来没有人与你商讨过它。所有的书籍、所有的老师、所有的报纸和杂志全都主张说你应该要有理想，你应该要像这位英雄或那位英雄一样，这一切只会使得心灵犹如一只善于模仿的猴子，或者像一台不断重复相同旋律的留声机。因此你不应该只知接受，而要开始去对一切予以质疑、去探明。假如你的内心充满恐惧，那么你就无法发出质疑之声。质疑一切意味着反抗，而反抗将创造出一个崭新的世界。可是你看，你的老师和父母都不希望你去反抗，因为他们想要去控制你，想要把你放进他们的模式里去定型、去塑造，于是生命便继续是一个丑陋之物了。

问：假如我们是渺小的，那么我们如何能够创造出一个崭新的世界呢？

克：如果你很渺小，那么你便无法创造出一个崭新的世界。但是你并不打算此生都继续渺小下去吧，不是吗？假如你感到恐惧，那么你就会渺小。你或许拥有一副高大的体魄，或许有辆豪华的轿车、一个显赫的职位，但假如你的内心充满了恐惧，那么你便永远无法创造出一个崭新的世界。这便是为什么在一种自由的氛围中满怀智慧、无所畏惧地成长是如此的重要了。不过所谓在自由的氛围里成长，并不意味着刻意去规范和训练自己实现自由。

问：怎样的教育制度才能够让孩子们无所畏惧呢？

克：所谓制度或方法，意味着被告诉该做些什么以及如何去做，这会让你勇敢无畏吗？通过某种制度，你能够被教育着拥有智慧、毫无恐惧吗？当你年轻的时候，你应当自由地成长，但是并没有任何能够让你自由的制度。制度，意味着使心灵去遵从某种模式，不是吗？它意味着将你锁在某个框架之中，而不是给予你自由。在你依赖某种制度的时候，你便不敢从其中走出来，一想到要从这种制度中走出来，你就会心生恐惧。因此，实际上并没有所谓的教育制度。真正重要的是老师和学生，而非制度。因为，假如我想要帮助你摆脱恐惧的束缚，那么我自己就必须从恐惧中解放出来，尔后我应该去研究你。我必须要不怕麻烦地去向你解释一切并且告诉你世界的真实模样。而要做到这些，我就必须要对你怀有爱。作为一名老师，我应该能够感觉到当你离开中学或大学的时候，你应当是没有恐惧的。如果我真的感觉到了这一点，那么我便能够去帮助你从恐惧中解放出来了。

问：不用某种特殊的方法就能测试出黄金的性质，这是否可能呢？同样的，能够不通过考试便了解到每个孩子的能力吗？

克：通过考试你便真的知道了每个孩子的能力了吗？一个孩子之所以考试失败，或许是由于他很紧张，对考试恐惧不已；而另一个孩子通过了考试，可能是因为他所受的影响比较小罢了。然而，假如你能持续不断地去观察每一个孩子，假如你观察他的性格、他做游戏的方式、他谈话的方式、他对什么显示出了兴趣、他是如何学习的、他所吃的食物，那么你就会开始了解这个孩子了，而无需通过考试来告诉你他具有哪些能力。

问：您对一个崭新的世界的看法是什么？

克：我对于崭新的世界没有任何想法。假如我怀有关于它的想法的话，那么这一"崭新的"世界便不可能是新的。这并非只是聪明的托词，而是事实。倘或我怀有关于新世界的想法，那么这些想法必然是来自于我的学习和经验，不是吗？来自我所学到的知识，来自我所阅读到的内容，来自其他人就这个新世界应当如何所发表的言论。因此，这个"崭新的"世界永远无法是新的，如果它是心灵的创造物的话，因为心灵本身是陈旧的。你不知道明天将会发生些什么，不是吗？你或许知道明天不用上学，因为明天是礼拜天，而到了周一你又将会背着书包去学校了；但是学校之外会发生些什么呢，你会有怎样的感觉呢，你将看到怎样的事物呢——你对所有这些全都一无所知，不是吗？因为你并不知道明天将会发生些什么，或者第二天早晨会发生些什么。当它发生的时候，它便会是新的。而能够迎接新鲜的事物，才是关键所在。

问：假如我们不知道想要创造的是什么，那么我们如何能够创造出任何新鲜的事物呢？

克：不知道创造为何物，这真是一件悲哀的事情，不是吗？当你有了某种感受时，你可以将这种感受付之于文字。如果你看到了一株美丽的树木，你可以写一首诗歌来进行描绘，不是描绘这棵树如何如何，而是去描写它在你的心里所唤醒的感受。这种感受便是新鲜的事物，是具有创造性的事物。然而你无法促使它发生，它的发生是自然而然的。

问：在您所撰写的有关教育的书籍当中，您认为现代教育是一种彻底的失败。我希望您能对此做一下解释。

克：它难道不是一种失败吗，先生？当你走到大街上时，你会看到穷人和富人；当你环顾自己的周围时，你会看见这世上那些所谓受过教育的人们都在争斗不休、在战争中彼此残杀。如今已有足够的科学和技术能够让我们去为全人类提供食物、衣服和居所，然而这一情形却并没有发生。全世界的政治家以及其他的领导者们都是受过教育的人，他们拥有头衔、学位和毕业礼服，他们是博士或是科学家，然而他们却并没有构建出一个人们能够在其中快乐地生活的世界。所以现代教育无疑是失败的，难道不是吗？假如你满足于以同样旧有的方式来被教育的话，那么你将会拥有一个凄凉而混乱的人生。

问：您声称现代教育是一种失败。然而假如政治家们没有受过教育的话，那么您觉得他能够创造出一个更好的世界吗？

克：我完全无法确定假如他们从来没有受过这种教育的话，他们是否便无法创造出一个更好的世界。所谓的治理民众指的是什么？毕竟，这便是政治家们应当去做的事情——治理民众。然而他们野心勃勃，他们渴望权力和地位，他们希望受人尊敬，他们想要成为领袖，想要居于首位；他们并没有考虑民众，他们所考虑的只是他们自己或者其政党的利益，其实政党也是他们自己的一种延伸罢了。人类就是人类，无论他们是生活在印度、德国、俄国、美国，还是中国；但是你看到，通过依据所属的国家把人类进行了划分，更多的政客能够拥有位高权重的工作，因此他们完全没有兴趣要把世界当作一个整体来看待。他们"受过教育"，他们知道如何阅读、如何争论，他们不停地谈论着要成为好的公民——但是他们必须要居于首位。将世界予以划分以及制造战争——这难道就是我们所谓的教育吗？并不是只有政客们在这么做，我们大家也全都如此。有些人希望爆发战争，因为他们想发战争财，趁机大捞一笔。因此不单单只有政客们才必须要接受正确的教育。

问：那么您对于正确的教育有何看法呢？

克：我刚刚告诉过你们了。看，我又得再一次向你们指出来。因为，所谓的虔诚之人，并不是崇拜着某个神、崇拜着某个由双手或者心灵所创造出来的形象，而应该去探寻真理；而这样的人才是真正有教养的人。

他或许没有上过学堂，或许没有任何书本，甚至或许都不知道如何去阅读，然而他能够察觉出自己的恐惧、自负、自私与野心。所以教育并不只是学习如何去阅读、如何去计算、如何去修桥铺路、如何展开科学研究以便去发现使用原子能的新方法，诸如此类。教育的功能，主要在于帮助人们从自身的卑微、愚蠢和野心中解放出来。所有的野心都是愚蠢和卑微的——世界上不存在伟大的野心。教育还意味着要帮助学生在自由的氛围中无所畏惧地成长起来，不是这样吗？

问：大家怎样才能够受到像这样的教育呢？

克：你难道不渴望受到像这样的教育吗？

问：但是如何才能够呢？

克：首先，你希望受到像这样的教育吗？不要去问如何才能够如此，而是要感觉到你渴望以这样的方式被教育。假如你有了这种强烈的感觉，那么当你长大成人时你便会去帮助其他人创造出这一图景，不是吗？先生，你看：如果你非常热切地想要玩某种运动，那么你很快便能找到其他人和你一起来玩。同样的，倘若你真的热切地渴望着以我们所讨论的这种方式来被教育的话，你便会帮助着去创造一所学校，学校里的老师拥有正确的教育理念，他们将能提供这种正确的教育种类。然而我们大多数人都并非真正地渴望这种教育，于是我们便会问道："这种正确的教育怎样才能够出现呢？"我们指望着别人来提供答案。但是假如你们大家——每一个在听我演讲的学生，我希望还有老师们——都渴望获得这种正确的教育，那么你就会对其有需求，并且使其成形。

举一个简单的例子吧，比如嚼口香糖。如果你们全都想要嚼口香糖，那么生产商就会制造口香糖；但假如你们不想如此的话，生产商便会破产。同样的道理，倘若你们全都说道："我们想接受正确的教育，而不是这种骗人的教育，因为它无异于有组织的谋杀。"——倘若你们明确地提出了这一想法并且非常认真，那么你们就会使正确的教育逐步地形成。但是你看到，年轻的你们依然如此的恐惧，这便是为什么创造出正确的教育是这般的重要了。

问：假如我渴望正确的教育，那么我还需要老师吗？

克：你当然需要了，你需要老师来帮助你，不是吗？然而什么是帮助呢？你并不是孤立地生存于这个世上的，不是吗？你有你的同窗、你的父母、你的老师、邮递员、送牛奶的人——你需要他们每一个人，我们活在这个世界上全都需要彼此帮助。但是假如你说"老师是神圣的，他在一个水平上，而我则在另一个水平上"。那么这种帮助就完全不是帮助。只有当老师不是在利用教书育人来填满他的空虚或者作为获得自身安全感的手段时，他才能够对学生有所帮助。假如他之所以选择三尺讲坛，不是因为他没有能力去做其他的事情，而是出于对这份工作的真正热爱，那么他便能够去帮助学生毫无畏惧地长大成人。假若你想要创造出正确的教育种类，你就需要有这样的老师来帮助你去创造，而重要的是老师们自己首先要接受到这种正确的教育。

问：如果所有的野心都是愚蠢的，那么人类如何能够进步呢？

克：你知道什么是进步吗？现在，请耐心一些，让我们慢慢地去探究这一问题吧。什么是进步呢？你可曾思考过该问题吗？当你能够乘坐飞机在数小时之内便到达欧洲，而不是花上两周的时间乘船抵达，这是进步吗？发明出更为迅捷的交通工具和交流手段，制造出威力更加巨大的枪支、更好的互相毁灭的方式，比如只需要用一颗原子弹便能够消灭成千上万的人，而无需再用弓箭一个一个地将他们射死——这便是我们所谓的进步，不是吗？所以我们在技术层面上取得了进步，但是在其他的方面是否也有所进展呢？我们停止过战争吗？人们变得越来越和善、越来越慈爱、越来越慷慨、越来越体谅他人、越来越不残忍了吗？你不必回答"是"或"否"，你只需要去审视一下事实。我们在科技层面、在物质层面的确取得了巨大的进步，然而我们的心灵却是在原地踏步，不是吗？对于我们大多数人来说，教育就好像是一个有一只腿在延长的三脚架，让我们处于一种失衡的状态之中。然而我们依然在眉飞色舞地谈论着进步，所有的报纸都充斥着有关人类已经取得了怎样巨大的进步的言论！

问：学生的定义是什么？

克：找到一个定义是非常容易的，不是吗？你所需要去做的，只是打开一本字典，翻到正确的那一页，尔后你便能够拥有一个解答了。然而这并不是你所想要的定义，不是吗？你希望去谈论它，你希望去探明什么是真正的学生。一个通过了层层考试、谋到了一份工作、然后将所有的书本都丢到一边的人便是真正的学生吗？做一名学生，意味着去探究生命，而不是仅仅去读你的课程表上所要求的那几本书；它意味着要能够去观察周围所发生的一切，而不是仅仅去观察在某个特定时期里的那几件事物。显然，一个学生不仅仅是要去阅读书本，而且还要能够观察生命的所有运动，外在的和内在的运动，而不会说："这是正确的，那是错误的。"假如你谴责某物，那么你就并非在观察它，不是吗？想要做到观察，你就必须去研究，不加谴责、不予比较。如果我将你与其他人相比较，那么我就并非在研究你，不是吗？如果我将你同你的弟弟或者姐姐相比较，那么重要的便是那个姐姐或弟弟，因此我并不是在研究你。

然而我们的整个教育便是去比较。你永远在把自己或他人同某个人进行着比较——同你的精神导师、你心目中的典范做比较，同你那位更为聪慧的父亲、同某位伟大的政治家做比较，诸如此类。这种比较和责难，阻止了你去观察、去探究。所以一名真正的学生应该去观察生命中的一切，外在的和内在的一切，而不去进行比较、赞成或责难。他不但能够去探究科学事务，而且还能够去观察他自己的心灵以及情感的运作——这比观察一项科学事实要困难得多。认识一个人自己心灵的整个活动，需要非凡的洞见以及大量的探询，同时不予以评判或者责难。

问：您认为所有的理想主义者都是伪君子。您把谁称作为理想主义者呢？

克：你难道不知道什么是理想主义者吗？假如我是一个性情残暴的人，我或许会说我的理想是实现非暴力，然而我是残暴的这一事实却依然存续着。理想是我希望最终实现的状态。我需要几年的时间才能做到消除自身的暴力倾向，但与此同时我还是暴力的——这才是真实的情形。由于个性残暴，于是我便一直在努力做到不暴力，而这种不暴力其实是不真实的，这难道不是伪善吗？我并没有去认识自身的暴力倾向继而将其给消除，相反却在试图变成另一种状态。倘若一个人试图去变成与真实的自己所不同的人，那么他显然就是一个伪君子。这就犹如我戴上了一副面具，尔后便声称自己已经改头换面了，然而在那副面具的背后，我依然还是过去的那个我。但是，假如我能够探究暴力的整个过程并且予以认识的话，那么我便有可能从暴力的束缚中解放出来。

问：*如果我们所有人都受到了正确的教育，那么我们便可以摆脱恐惧的束缚吗？*

克：摆脱恐惧的束缚是极为重要的，不是吗？除了通过智慧的帮助之外，你将无法从恐惧中解放出来。因此让我们首先去探明如何拥有智慧吧，而不是怎样去摆脱恐惧。假如我们能够体验拥有智慧的状态，那么我们便将知道怎样去摆脱恐惧了。恐惧总是同某个事物有关的，它不会单独存在。我们有对于死亡的恐惧、对疾病的恐惧、对失去的恐惧，我们或许会害怕自己的父母，害怕人们在背后说三道四，诸如此类。而问题并不在于如何去摆脱恐惧，而在于怎样唤醒那种能够直面恐惧、认识恐惧并超越恐惧的智慧。

那么，教育怎样才能够帮助我们去拥有智慧呢？什么是智慧？它是指顺利通过考试吗？它是指变得聪明吗？你或许可以阅读许多书籍，同那些著名人士会面，拥有许多能力，但这些便能令你产生智慧吗？又或者智慧是否是一种只有当你成了一个整体时方会出现的事物呢？我们本身就是一个矛盾的集合体，有时候我们心怀愤恨、善妒和残暴，而其他时候我们则为人谦逊、体谅他人、心情平静。在不同的时刻我们所呈现的面目是不同的，我们从来都不是完整的，从来都没有实现彻底地统一，不是吗？当一个人怀有许多欲望时，他的内心也就被四分五裂成了许多个部分。

一个人必须要简单地处理该问题。问题在于如何拥有智慧，以便你能够摆脱恐惧的束缚。假如从孩提时代开始，无论你有怎样的困难，你的师长都会与你一道谈论它们，如此一来你对困难的认识便不只是停留在口头层面上，而是能够令你理解生命的全部，那么这样的教育便可以唤醒你身上的智慧之光，并使你的心灵从恐惧当中解放出来。

问：您曾说过怀有野心便是愚蠢和残忍，那么渴望得到正确的教育是否也是愚蠢和残忍的呢？

克：你有野心吗？什么是野心？倘若你想要比别人更优秀，想要得到比其他人更好的分数——那么显然这便是我们所谓的野心。假如一个小政客渴望成为一名大政客，那么他便是野心勃勃的。但是想要得到正确的教育是否也是怀有野心的呢？当你基于热爱而去做某件事情的时候，这难道是野心吗？假如你写作或绘画——不是因为你渴望获得名声，而是因为你热爱写作或绘画——那么这显然就并不是野心。当你将自己同其他的作家或画家相比较时，当你希望领先时，野心便会出现。

因此，如果你是出于真正的热爱而去做某件事情的话，那么你的行为就不是野心。

问：当一个人渴望找到真理或宁静时，他就会成为一名苦行者，因此苦行者便拥有简单。

克：当一个人渴望宁静时，他便懂得了简单吗？通过成为一名苦行者或者僧侣，一个人便能够实现简单了吗？显然，宁静是某种并不从属于心智的事物。假如我渴望宁静，我努力将所有暴力的想法从心灵中移除，那么这便会带给我宁静了吗？又或者假如我怀有许多的欲望，而我认为自己必须要没有任何欲望，那么我的心灵便会进入宁静之境了吗？在你渴望某个事物的时刻，你便处在了冲突和争斗之中。而真正能够带来宁静的，是你自身对于欲望的整个过程的理解。

问：假如，正如您所说的那样，每个人都怀有恐惧，那么就没有一个人是圣人或英雄了。这就意味着说世界上不存在任何伟大之人了，难道不是吗？

克：这只是逻辑上的推理，不是吗？为什么我们应当对伟人、圣人、英雄感到烦恼呢？真正重要的是你是怎样的人。假如你怀有恐惧，那么你就会创造出一个丑陋的世界，这才是问题所在，而不是因为是否存在着伟大之人。

问：您说解释是件坏事，但我们到这儿来就是为了寻求解释的，这难道也是一件坏事吗？

克：我并没有说解释是坏事，我是说不要满足于解释。

问：您对印度的未来有何想法？

克：我没有任何的想法，完全没有。我认为印度并不是太重要，真正重要的是世界。无论我们是居住在中国还是日本，是在英国、印度还是美国，我们都会说："我的国家至关重要。"没有人将世界作为一个整体来看待。历史书里充满了无休无止的战争。假如我们开始把我们自己作为人类来认识的话，或许我们便会停止彼此杀戮，终结战争；只要我们抱持着国家主义的理念，想的只是我们自己的国家，那么我们就会继续去创造出一个可怕的世界。有朝一日，我们认识到这是我们共有的地球，我们大家全都能够在这个地球上快乐、和平地生活，那么我们便将一同建立一个崭新的世界；但如果我们继续把自己认同为印度人、德国人或者俄国人，继续将其他的人视为外来者的话，那么就不会有和平存在，也无法创造出一个新的世界。

问：您说这个世界上只有极少的人是伟大的，那么您是怎样的人呢？

克：我是怎样的人无关紧要，重要的是要去探明所说的究竟是真理还是谬误。如果你认为某某事物是重要的，仅仅是因为某某人如是说，那么你就没有在真正地聆听，你就没有努力去凭借自己的力量探明何为真理、何为谬误。

但是你看到，我们大多数人都害怕凭借自身的力量去探明何为真理、何为谬误，这便是为什么我们只是一味地去接受他人所言。重要的是要去质疑、去观察，而不是去接受。不幸的是，大多数人只是去听那些被我们视为伟大之人的话，去听某个权威的言论。我们从来不去聆听鸟儿的欢唱，不去聆听大海的涛声，或是一名乞丐的哀求。因此我们便错过了乞丐所说的话——而在乞丐的话语里或许便蕴含着真理，而在那些富人或权威人士的话语里则完全没有真理。

问：我们出于好奇而去阅读书籍，您在年轻的时候难道不会好奇吗？

克：你认为仅仅通过阅读书籍，你便能够凭借自己的力量探明真理了吗？通过重复他人的言论你便可以有所发现了吗？抑或只有凭借探究和质疑，而不是接受，你才能够有所发现呢？我们许多人都阅读了大量有关哲学的书籍，而这种阅读使我们的心灵被定型——于是想要凭借我们自己的力量去探明何为真理、何为谬误就变得十分困难。当心灵已经被塑造成了某种模式，已经被定型，那么它便只有背负着最大的困难才能发现真理。

问：我们难道不应该关心未来吗？

克：你所谓的未来指的是什么？此后的二十年或者五十年——这就是你所谓的未来吗？距离我们有许多年之遥的未来是非常不确定的，不是吗？你并不知道将来会发生些什么，所以对未来忧心忡忡有何好处可言呢？或许会有一场战争爆发、或许会有一场传染病蔓延，任何事情都有可能发生，所以未来是不确定的，它是未知的。重要的是现在你该如何生活，你当下的所思所感。现在，即今天，才是重要的，而不是明天或者20年以后会发生些什么。而认识当下则需要有大智慧。

问：年轻的时候我们是非常贪玩的，而且始终不知道什么才是对我们有利的。假如一位父亲为了自己儿子好而对孩子提出建议的话，那么这个儿子不应该去听从父亲的建议吗？

克：你对此有何想法呢？假如我是一名家长，那么我必须首先要了解我的儿子在生命里真正想要的是什么，不是吗？父母是否对自己的孩子已经有了足够的了解，以至于能够向其提出建议了呢？父母已经研究过孩子了吗？一位几乎没有多少时间去观察自己孩子的家长，怎样才能够向其提供建议呢？主张父亲应当指引他的儿子，这听上去不错；但假如这位父亲并不了解他的儿子，那么又该如何做呢？父母应该去研究孩子自身的倾向与能力，这种研究不应该只是一段时间或者局限于某个特定的地点，而应该贯穿于他的整个孩提时代。

问：以我们自己国家的康宁为目标就是以整个人类的康宁为旨归，难道不是这样吗？直接以人类的康宁为旨归是否在普通人的能力范围之内呢？

克：当我们以牺牲其他国家为代价而去寻求某一个国家的康宁时，便会走向剥削与帝国主义。只要我们排外性地只考虑我们自己的国家，那么就必然会制造冲突和战争。

当你询问说直接以人类的康宁为旨归是否在普通人的能力范围之内时，你所谓的普通人指的是什么呢？你和我难道不是普通人吗？我们与其他普通人有所不同吗？我们的不平凡、不普通表现在哪些方面呢？我们全都是平凡人，不是吗？难道仅仅因为我们拥有干净的衣服、穿着鞋子或者有部车子，你就认为我们与那些并不拥有这些事物的人是不同的吗？我们全都是平凡的——假如我们真正认识到了这一点，我们就能够带来一场变革。正是由于我们当前教育的失误，才使得我们会如此地唯我独尊，如此高高凌驾于那些所谓市井小民之上。

问：假如所有的个人都高举反抗的旗帜，那么世界将一片混乱，不是吗？

克：如果当前的社会处于完美的秩序之中，大家对其予以反抗的话便会有混乱发生，是这样吗？难道此时此刻就不存在混乱了吗？难道一切都是美丽的、毫不腐败的吗？难道每个人都是快乐、充实、富足地生活着吗？难道人与人之间不存在对抗了吗？难道这世上已经没有了野心、没有了残酷无情的竞争了吗？实际上世界早已处在了混乱之中，这是首先要认识到的一个事实。不要想当然地认为这是一个有序的社会，不要用词语把你自己给蒙蔽了。无论是在亚洲、欧洲、美洲，还是在俄国，世界都处于一种衰败的过程之中。如果你看到了这种衰败，你便有了挑战，你被激励着要去找到解决这一紧迫难题的方法。重要的是你将如何去回应挑战，不是吗？假如你是作为一名印度教徒、佛教徒、基督徒或者共产主义者来予以回应，那么你的回应便是非常有限的——这完全不是回应。只有当你的内心没有一丝恐惧时，只有当你不再作为一名印度教徒、共产主义者或者资本主义者来思考，而是作为一个试图去解决该问题的人类来思考时，你便能够对该挑战予以充分回应；除非你自己是在反抗这一切，反抗作为社会建构之基础的野心与攫取的贪婪，否则你便无法解决此问题。当你自己没有了野心，没有了贪婪，没有了对自身安全感的依附——只有在这时，你才能够去回应这一挑战并且创造出一个崭新的世界。

问：反抗、学习、爱——这三者是单独的过程，还是同时发生的？

克：它们当然不是三个单独的过程，而是一个整体。你知道，探明该问题的含义是非常重要的。这一问题是建立在理论的基础之上，而非体验，它只是口头层面、智能层面上的，因此并不具有有效性。一个无所畏惧的人，一个真正处于反抗之中的人，一个努力要去探明学习与热爱究竟是何含义的人——这样的一个人不会去询问说它是一个整体的过程还是三个分开的过程。我们是如此擅长玩文字游戏，以至于以为通过提供解释便可以使问题得以解决了。

你知道学习是何含义吗？当你真正在学习时，你的学习过程将会是贯穿整个生命始终的，并没有某位特殊的老师来对你进行教授。一切事物都在教授你——一片凋零的落叶、一只飞翔的鸟儿、一种气息、一滴眼泪、富人和穷人、哭泣的人们、一位妇人的微笑、一个男人的傲慢。你从万物中学习，没有任何向导、哲学家或上师。生活本身便是你的老师，你将处在一种不断学习的状态之中。

问：社会的确是建立在想要有所得的贪婪以及野心的基础之上。如果我们没有任何野心，我们是否就会衰退呢？

克：这真是一个非常重要的问题，需要我们给予很大的注意。你知道什么是注意吗？让我们来探明这一问题吧。当坐在教室中的你凝视窗外或者拉扯某人的头发时，老师会告诉你说要集中注意力。这意味着什么？你对自己正在学习的内容并无兴趣，于是老师便强迫你去集中注意力——这完全不是注意。当你对某个事物怀有深刻的兴趣时，注意力才会出现，尔后你就会热衷于去探明关于该事物的一切，那么你的整个心灵便会投入其中。同样的，在你明白这一问题——假如我们没有任何野心，我们就会衰退——真的是至关重要的那一刻，你便会对它萌发出兴趣，并且渴望去探明关于该问题的真理。

难道一个野心勃勃的人就不会毁灭自己吗？这是我们首先要去探明的事情，而不是去询问野心究竟是对还是错。看看你的周围，观察一下所有充满了野心的人。当你怀有野心的时候，会发生些什么呢？你所考虑的都是你自己，不是吗？你会十分残忍，你会把其他人推到一边，因为你试图去实现你的野心，试图成为一个大人物，于是便会在成功人士与落后人士之间制造出冲突。你将与那些和你有着同样欲望的人展开无休无止的争斗，这种冲突能够创造出富有活力的人生吗？

当你只是出于热爱而去做某件事情的时候，你会怀有野心吗？当你是用整个身心去做某件事情的时候，而不是因为想要获得更多的利益或者更好的结果，而仅仅是因为你衷心热爱这件事情的时候——这其中就不会有野心存在，不是吗？这其中也不会有竞争。你并不是为了第一的位置而同其他人相争斗。教育难道不应该帮助你去探明什么是你真正热爱的事情，以便你的生命从始至终都在从事着某件你认为十分值得的事情，对你而言具有深刻意义的事情吗？否则，你将会在悲惨中度过你的余生。倘若不知道你真正想要做的是什么，那么你的心灵便会落入到一种只有厌倦、衰退和死亡的固定程式之中。所以当你年轻的时候应该去发现什么才是你自己真正所热爱的事情，这是至关重要的，因为这便是创造一个崭新社会的唯一之路。

问：什么是智慧？

克：让我们慢慢地、耐心地探究这一问题并且寻找到答案吧。所谓寻找解答，所谓探明，并不是要去得出一个结论。我不知道你是否看出了这二者的不同。当你得出了一个有关智慧是什么的结论时，就在那一刻，你便不再怀有智慧了。然而大多数成年人却是这么做的，得出了许多结论，因此他们不再怀有智慧。所以你立即探明了一件事情，即：一个有智慧的心灵，便是一个不断在学习、永远不去做结论的心灵。

什么是智慧呢？大多数人都满足于一个关于智慧是什么的释义。或者他们会说："这是一个不错的解释。"或者他们更喜欢他们自己的解释；而一个满足于解释的心灵是极为肤浅的，因而便是不具有智慧的。

你已经开始懂得一个智慧的心灵不会满足于解释和结论，也不会去相信，因为相信是另一种形式的结论。一个智慧的心灵是一个探询的心灵，一个始终在观察、学习和探究的心灵。这意味着什么呢？只有当没有任何恐惧时，当你愿意为了发现真理而去反抗整个社会结构时，才会有智慧存在。

智慧不是知识，即使你能够阅读世上的所有书籍，你也无法因此就被给予了智慧。智慧是一种非常微妙的事物，它没有任何停泊点。只有当你理解了心灵的整个过程——不是某位哲学家或老师所说的心灵，而是你自己的心灵——智慧才会出现。你的心灵是所有人性的产物，而当你认识了自己的心灵时，你就不必去研究某本书了，因为心灵涵盖了关于过去的全部知识。所以，智慧会伴随着你对自我的认知而逐步地形成。而你只有在同人、事物和理念的各种关系之中才能够去认识自我。智慧不是某种你可以去获得的事物，它会伴随着毫无畏惧的伟大的反抗而出现——这意味着，当爱存在时，才会有智慧，因为，没有了恐惧，才会有爱存在。

假如你仅仅对解释感兴趣的话，那么我担心你会觉得我并没能回答你的问题。询问什么是智慧，就如同是在询问什么是生活一样。生活便是学习、玩乐、性、工作、争吵、妒忌、野心、爱、美、真理——生活便是一切，不是吗？然而你知道，我们大多数人都没有持续的、真诚的耐心去展开这一探询。

问：什么是社会？

克：当你说："这是我的家庭"时，你所指的是什么呢？你的父亲、你的母亲、你的兄弟姐妹，亲密的感觉、你与他们一道生活在同一屋檐下的事实，你的父母将去保护你的感觉，对某些财产、珠宝首饰、衣服的拥有——所有这一切便是家庭的基础。还有一些与你的家庭相似的家庭生活在其他的房子里，他们所感受到的也同你一样，他们也怀有诸如"我的妻子""我的丈夫""我的孩子""我的房子""我的衣服""我的车"等感觉。在地球的同一个地方生活着许多这样的家庭，他们觉得不应该受到其他家庭的侵犯，因此他们便开始制定法律。那些有权势的家庭把自己放到了高高在上的位置，他们获得了更大的地产，他们拥有更多的金钱、更多的衣服、更多的汽车。他们聚在一起，制定出法律，他们告诉我们该做什么。于是一个社会便逐渐地形成了，这个社会有法律、有规则、有警察、有军队。不幸的是，整个地球被各种各样的社会所占据着。尔后人们生出了反抗的想法，希望推翻那些位高权重者，他们打倒了这个社会，建立起了另一个社会。

社会便是人与人之间的关系——一个人与另一个人之间的关系，一个家庭同另一个家庭之间的关系，一个群体与另一个群体之间的关系，个体同群体之间的关系。人际关系、你与我之间的关系，便是社会。假如我非常贪婪、狡诈，假如我拥有很大的权势，那么我就会把你排挤出去;而你也试图这么对待我,于是我们便制定出法律。但是其他人到来了,破坏了我们的法律,建立了另一套法律,这一情形将始终继续下去。在社会中,即人际关系中,存在着不断的冲突。社会的基础原本十分简单,但随着人类自身的想法、欲望、制度以及产业变得越来越复杂,于是社会也就随之日益复杂起来。

问:既然我们始终与另一个人有关联,那么我们便永远无法实现绝对的自由,难道不是这样吗?

克:我们并不理解什么是正确的关系。假设我依赖你以获得自身的满足、舒适以及安全感,那么我如何才能够获得自由呢?但如果我并不以这种方式来依赖,我依然同你相关联,不是吗?我依赖你获得某种情感的、生理的或者智力的帮助,所以我并不是自由的。我依附于我的父母,因为我渴望某种安全感,这意味着我与他们的关系是一种依赖,一种基于恐惧之上的依赖。那么我怎样才能够拥有某种自由的关系呢?只有当没有恐惧存在时,人际关系中才会有自由。因此,想要拥有正确的关系,我就必须要开始把自己从这种会滋生出恐惧的心理依赖中解放出来。

问:当我们的父母在年迈时依靠我们的时候,我们怎样才能够实现自由呢?

克:因为他们年迈,所以便依靠你去赡养、去照料,那么会发生什么呢?他们指望你赚钱养家,这样你才能够提供给他们衣食,然而你的理想是成为一个木匠或者一名艺术家,即使因此你可能完全赚不了钱,他们会说你不应该如此,你必须要赡养他们。思考一下这个问题吧。我不是在评判它是好或是坏，假如去评判好坏的话，那么我们就会停止了思考。你的父母要求你应当提供给他们衣食，这一要求阻止了你去实践自己的人生，而过自己想要的生活被看作是自私的行为，于是你便成了父母的奴隶。

你或许会说政府应当通过养老金以及其他的社会保障方法来担负起照料老年人的责任。但是在一个人口过剩、国家财政不足、物资短缺的国家里，政府是无法照料老年人的。因此年迈的父母便依靠年轻人去赡养，而年轻人总是会被迫去适应传统的窠臼，于是原本鲜活的人生就这样被毁灭了。不过这并不是一个由我去讨论的问题，你们大家都必须要去思考这一问题并找到解决之法。

在合理的限度之内，我自然想去赡养我的父母。但是假设我还想去做某种挣钱很少的事情，比如我想要成为一名宗教人士，想要将一生都奉献到寻找神、寻找真理的事业中去。这种生存方式或许无法带给我金钱，倘若我要追求这种人生的话，我就可能不得不放弃我的家庭——这意味着他们有可能饿死，就像其他数百万流浪者一样，那么我该怎么办才好呢？只要我害怕人们会说些什么——比如他们会说我是一个不孝之子，会说我是一个没有责任感的家伙——那么我就永远无法成为一个具有创造力的人。因为想要做一个快乐的、富有创造力的人，我就必须得具有非凡的首创精神。

问：既然我们生存在社会之中，那么我们怎样才能够摆脱依赖性呢？

克：你知道什么是社会吗？社会便是人与人之间的关系，不是吗？

不要把它复杂化了，不要去引经据典；而是非常简单地思考这一问题，那么你便会发现社会就是你与我、与其他人之间的关系。社会由人际关系所构成，我们当前的社会是建立在一种想要有所得的关系之上的，不是吗？我们大多数人都渴望金钱、权力、财富与权威，我们在不同层面上渴望着地位和名誉，因此我们就建造了一个想要有所得的社会。只要我们是想要有所得的，只要我们渴望地位、名誉、权力以及其他，那么我们就从属于这个社会并因此依赖于它。但如果一个人并不渴望上述这些事物，只想保持心灵的简单与谦卑，那么他便能够从这个社会中走出来，他便能够去反抗并推翻这样一个社会。

不幸的是，当前教育的目标，旨在让你去顺从、去适应这样一个想要有所得的社会，这就是你的父母、你的老师、你的书本所关心的。只要你去顺从，只要你怀有野心，只要你渴望有所得、只要你为了追逐地位和权力不惜毁坏他人的利益，那么你就会被认为是一名值得尊敬的市民。你被教育着要去适应这个社会，然而这并不是教育，它只是一种让你去遵从某种模式的过程。教育的真正职责，不是要把你变成一个职员、一名法官或者一位总理，而是要帮助你去认识这一腐朽的社会的整个结构，并且允许你在自由的氛围中长大成人，以便你能够从当前陈旧的社会里突围而出，创造一个截然不同的社会、一个崭新的世界。必须要有敢于反抗的人，不是部分地反抗，而是彻底地反抗旧有的社会，因为只有这样的人才能够创造出一个新的世界——一个不以攫取为基础，不以权力和名望为基础的世界。

我可以听到成年人说："这是永远无法办到的。人的本性便是想要有所得，渴望拥有权力和名望，因此你所说的都是一派胡言。"然而我们从来没有想过不去限定成年人的心灵。显然，教育既是治疗性的，又是预防性的。你们这些年长一些的学生，已经被定型、已经被限定、已经怀有了各种野心；你们想要像自己的父亲、像总督或者其他某个人那样成功。因此教育的真正作用，不仅在于要帮助你不去限定你自己，而且还要每时每刻都认识到生命的整个过程，如此一来你才能够在自由的氛围中成长起来，并且创造出一个崭新的世界———一个必须与当前的世界完全不同的世界。不幸的是，不但你的父母、你的老师，而且普通大众全都对此不感兴趣。这便是为什么教育必须是一种不仅要教育学生同时也要教育老师的过程。

问：学生的责任是什么？

克："责任"一词指的是什么？对什么负有责任？是照某位政治家所言对你的国家负有责任吗？是照你的父母所希冀的那样对他们负有责任吗？他们会说你的责任便是要去照他们的话做，而他们告诉你的话则是由他们的背景、他们的传统等所限定的。什么是学生呢？难道学生就是一个背着书包去学堂、为了通过考试而去读几本书的男孩或女孩吗？又或者只有一个始终在学习的人、一个对他而言学习是永无止境的人才是真正的学生呢？显然，倘若一个人只是去研读某个科目、通过一场考试、尔后将书本统统抛在一边，那么他就并不是真正的学生。真正的学生永远都在研究、学习、询问和探索，他的学习不会终止在 20 岁或 25 岁，而会贯穿生命的始终。

做一名学生，意味着要一直处于学习的状态之中；你在学习，没有任何老师，不是吗？在你成为一名学生的那一刻，不会有某个特别的人来教导你，因为你是从万事万物中学习：被风吹落的树叶，打在河堤上的雨声的呢喃，一只在蓝天上高高飞翔的鸟儿，一个背负重物、艰难行走的穷人，那些认为自己已经了解了生命全部的人们——你从这一切事物中学习，没有某位特定的老师来教导你，而你也不是一个追随者。

所以，一名学生的责任仅仅在于学习。西班牙画家戈雅在年迈的时候，曾在自己的一幅画作下面写道："我仍然在学习。"你可以从书本中学习，但是这种学习并不会将你带到多远，一本书只能够提供给你作者所说的那些知识。然而通过对自我的认知而开展的学习却是没有任何局限的，通过你自己的自我认知来学习，便是懂得如何去聆听、如何去观察，所以你便可以从万事万物中学习，从音乐中学习，从人们所说的话及其说话的方式中学习，从愤怒、贪婪和野心中学习。

这个地球是我们的，它不属于共产主义者、社会主义者或是资本主义者；它是你的，也是我的，我们应当快乐而充实、没有任何冲突地生活在这个地球之上。然而这种生命的富足与快乐，这种"地球是我们的"感受，无法通过强制、通过法律而获得。它必须从内部而来，因为我们热爱这个地球以及它上面的万事万物，这便是学习的状态。

问：尊敬与爱之间的区别是什么？

克：你可以在字典里查阅到"尊敬"和"爱"这两个词语，并且找到相关的释义。然而这便是你想要知道的吗？你究竟是想知道这两个词语的表面含义，还是渴望了解在它们背后所蕴含的深层意义呢？

你可曾注意过当一个显赫人士，比如一位部长大臣或是总督出现时，大家是如何向他致敬的呢？你将这称作为尊敬，不是吗？然而这种尊敬却是虚假的，因为在它的背后是恐惧、是贪婪。你渴望从这个人的身上有所得，于是你便把一个花环戴在了他的脖子上。这并不是尊敬，这就如同你拿着钱到市场上做买卖一样。你不会对你的仆人或村夫表现出尊敬之情，而只会去尊敬那些你希望从他的身上有所得的人。这种尊敬实为恐惧，它压根就不是什么尊敬，它毫无意义。但如果你的心中真正怀有爱，对你的总督、你的老师、你的仆人和村夫全都满怀同样的热爱之情，那么你就会对他们都报以尊敬，因为爱不会去要求任何的回报。

问：什么是生命中的快乐？

克：假如你想要去做某件你认为愉悦的事情，那么在你做的时候你便会感到快乐。你或者想要嫁给有钱人，或者渴望成为世上最美的女孩，或者希望通过某个考试，或者期待着能够得到某个人的赞扬，你以为若得到了你所想要的一切，你便会拥有快乐。然而这是快乐吗？这种愉悦很快便会褪色，就像那在清晨绽放，而又在夜里枯萎的花朵，难道不是吗？这就是我们的生命状态，这就是我们想要的一切。我们满足于这种肤浅，满足于拥有一部车或一个稳定的职位，满足于对某些琐碎事物的小悲小喜，就像一个在强风中快乐地放着风筝、几分钟之后却又泪流满面的男孩。这就是我们的生活，而我们也满足于这种人生状态。我们从来不会说："我将把我的全部精力、把我的整个身心都用来去探明什么是快乐。"我们对于快乐的态度并不太认真，我们对快乐并没有强烈的感觉，于是我们便会满足于卑微的琐事。

快乐其实是不请自来的。在你意识到自己很快乐的那一刻，你便不再快乐了。我想知道你是否已经注意到了这一点呢？当你突然对某个事物生出愉悦之感时，你便会不由自主地绽放出笑容，便会拥有快乐的自由；但就在你意识到了快乐的那一刻，你就已经失去它了，不是吗？自己意识到了快乐，或者去追求快乐，实际上便是快乐的终止。只有当自我及其需求被搁置到了一边时，才会有快乐出现。

你被教授了许多关于数学的知识，你花费了无数时间来学习历史、地理、科学、物理、生物，诸如此类。然而你和你的老师们是否花费了时间来思考这些更为重要的事情呢？你可曾安静地坐着，背挺得笔直，一动不动，从而体会到静寂之美呢？你可曾让你的心灵不再执著于那些卑微的琐事，而是展开一段深入而广阔的漫步，从而能够去探索和发现呢？

你知道世界上正在发生些什么吗？世界上所发生的一切，其实正是投射出了在我们每一个人的内心所上演的一切。我们是怎样的，世界便会呈现出怎样的面目。我们大多数人都处于混乱之中，我们想要去攫取、想要占有，我们心怀嫉妒，我们总是责难他人，而这正是世界上所发生的情形，只是更为戏剧性、更加残酷罢了。然而你和你的老师们都不曾花费时间来思考一下这些问题。只有当你每天都花费时间来认真思考这些问题时，才有可能带来一场彻底的变革，从而创造出一个崭新的世界。我向你们保证，这一崭新的世界必须要被创造出来，而这个世界不应只是新瓶装旧酒，不应只是以不同的形式来继续原来那个腐朽的社会。但是，假如你的心灵不处于机敏和警觉的状态，没有实现广泛的觉知，那么你便无法创造出新的世界来。而这便是为什么当你年轻的时候应当花时间来反思这些极为重大的问题是如此的重要了，而不应该只把时间用来学习那列在课程表上的几个科目，因为这么做只会让你得到一份工作，让你在枯燥和无聊中走向死亡，除此之外你的生命将空无一物。因此务必要严肃地思考所有这些问题，因为这种思考将会带来非凡的愉悦感受，带来快乐的感受。

问：什么是真正的生活？

克："什么是真正的生活？"一个小男孩询问了这个问题。玩游戏、吃美食、跑步、蹦蹦跳跳——对他而言，这便是真正的生活。你知道，我们把生活划分为了真正的生活与虚假的生活。真正的生活便是投注你的整个身心去做你所热爱的事情，如此一来你的内心便不会有矛盾，你所做的事情与你认为自己应该去做的事情之间就不会有战争。尔后生活便会是一个完全统一的过程，其间会有无尽的快乐。但是，只有当你在心理上不依赖于他人或者某个社会时，只有当你的内心实现了彻底的超然时，真正的生活才会到来。因为只有在这时，你才有可能真正去热爱你所做的事情。假如你处于一种彻底变革的状态之中，你觉得当一名园丁还是成为一位首相都是无关紧要的，那么你便会去热爱自己所做的事情，而那非凡的富有创造力的感受便会从这种热爱中蔓延开来。

问：您是否快乐？

克：我不知道。我从来不曾考虑过这一问题。在你认为自己是快乐的那一刻，你便不再是快乐的了，不是吗？当你快乐地玩耍和叫喊时，当你意识到了自己是欢愉的那一刻，会发生什么呢？你便停止了欢愉。你注意到这一点了吗？因此快乐并不在自我意识的领域之内。

当你试图做到良善时，你难道是良善的吗？良善能够被实践吗？又或者良善是否是某种因为你的审视、观察和理解而会自然到来的事物呢？同样的，在你意识到了自己是快乐的时候，快乐便从窗外飞走了。寻求快乐是一件荒谬的事情，只有在你不去寻求它的时候，才会有快乐存在。

你知道"谦逊"一词指的是什么吗？你能否培养谦逊这一品格呢？假如你每天早上重复说"我打算做一个谦逊之人"，那么这便是谦逊了吗？抑或当你不再骄傲自大时，谦逊便会自然而然地出现了吗？同样的，当那些妨碍快乐的事物消失不在的时候，当焦虑、挫败以及对自身安全感的寻求都停止了的时候，快乐便会到来了，而无须你去刻意地寻求。

为什么你们大多数人都如此沉默呢？为什么你们不同我展开讨论呢？你要知道，表达出你自己的想法和感受是非常重要的，不论你的想法或感受有多么糟糕，这对你而言意义重大，让我来告诉你为什么。假如你现在就开始去表达自己的想法和感受，尽管或许多少有些迟疑，那么当你长大的时候你便不会被你的环境、你的父母以及社会的传统所窒息。然而不幸的是，你的老师们并没有鼓励你去质疑，他们并不去询问你的所思所感。

问：人死后还会有灵魂存在吗？

克：如果你真的想知道的话，那么你打算怎么去探明这一问题的答案呢？通过阅读佛陀或耶稣对于此问题所发表的言论吗？通过聆听某位领袖或圣人之言吗？他们或许全都大错特错。你准备好去承认这一点了吗？这意味着你的心灵处于一种探寻的状态之中。

显然，你必须首先要去探明是否有灵魂存在。什么是灵魂？你知道灵魂是什么吗？又或者你仅仅是被告知存在着灵魂——被你的父母、被牧师、被某本书、被你的文化环境所告知——并且接受了这一观点呢？

"灵魂"一词指的是某种超越了物质存在的事物，不是吗？你有肉体，还有你的个性、倾向与美德；而你声称在这一切之外还存在着灵魂。如果这种状态真的存在的话，那么它就必然是精神性的，是某种具有永恒特性的事物。你询问说人死后精神性的事物是否依然存在着，这是问题的一部分。

另一部分则是：什么是死亡？你知道死亡是什么吗？你想要知道人死后是否还有灵魂存在，但是你要知道，这一问题其实并不重要。真正重要的问题是：当你活着的时候，你能否了解死亡？而是否有人告诉你说人死后灵魂存在与否又有多大的意义呢？你仍然不得而知。然而你可以凭借自己的力量去探明何为死亡，不是在你死后，而是在你活着的时候，在你拥有健康与活力、在你拥有想法和感受的时候。

这同样也是教育的一部分。所谓受教育，不仅是要精通数学、历史或地理，还要有能力去认识死亡这一非凡之物——不是在你肉体死亡的时候，而是在你活着的时候，在你欢笑、在你爬树、在你驾船航行或者水中畅游的时候。死亡是未知的事物，而当你活着的时候去了解那些未知之事才是有意义、有价值的。

问：您怎样去学习您所谈论到的这一切呢？我们如何才能够实现认知呢？

克：这是一个非常不错的问题，不是吗？

假如我要稍微谈论一下我自己，那么我不会去阅读关于这些事情的书籍，不会读《奥义书》或是《薄伽梵歌》，不会去读任何心理学方面的书籍，但是正如我告诉你的那样，如果你观察一下你自己的心灵，你会发现它一直在那儿。所以当你一旦踏上了认识自我的旅程，那么书本就并不重要了。这就犹如步入一片陌生之域，在那儿你开始探索新鲜的事物，你会有令人吃惊的发现。然而，你知道，假如你把自己看得过于重要的话，那么这一切就会遭到破坏。在你说"我已经有所发现，我知道，我是一个伟大的人，因为我探明了这个或那个"的时刻，你便已经迷失了。倘若你不得不展开一段漫长的旅程，那么你就必须得减少负重；倘若你想要攀爬到一个相当的高度，那么你就必须得轻装上阵。

所以这个问题真的是十分重要，因为，通过认识自我、通过观察心灵的活动方式，你将会收获发现与理解。你对你的邻居会做何评论，你谈话的方式，你走路的姿势，你是怎样去仰望天空和飞鸟的，你是如何去对待他人的，你是怎么折下一根树枝的——所有这些事情都极为重要，因为它们就像是一面镜子，折射出你自己的模样，通过这面镜子，你可以知道自己是否是警觉的，是否每时每刻都在发现着全新的事物。

问：我们为什么渴望拥有同伴？

克：你能够单独地生存在这个世界上而不需要丈夫或妻子、不需要子女、不需要朋友吗？大多数人都无法做到这样，所以他们需要同伴。独自生存需有大智慧，你必须独自去找到神和真理。有个同伴是不错的事情，有丈夫或妻子，生儿育女。但是你知道，我们迷失在了这一切之中，我们迷失在了家庭和工作中，迷失在了单调乏味的例行公事中，迷失在了日益腐烂和衰败的生存中。我们习惯了这样，于是独自生存的想法就会变得十分可怕，成为让人感到恐惧的事情。我们大多数人都将我们所有的信念投注到了某件事情之中，把我们所有的鸡蛋都放在了一个篮子里头。离开了我们的同伴、离开了我们的家人和工作，我们的生命就会变得不再富足。然而，假如一个人的生命是富足的——这种富足不是指金钱或知识方面的富足，这是任何人都能够获得的；这种富足是一种无始无终的真实的运动。倘若达到了这种状态，那么同伴便会退居到次要位置了。

然而，你知道，你没有被教育着去独处。你可曾独自一人出外散步吗？孤身一人，这是极为重要的。坐在一棵树下——不带任何书本，没有任何同伴，只有你自己一个人——观察一下叶子的飘落，聆听一下河水拍打堤岸的声音或是渔夫的号子，欣赏一下鸟儿的飞翔，审视一下你自己的各种想法，当它们在你的心灵空间里彼此追逐的时候。假如你能够做到独自一人观察这些事物的话，那么你就会发现自己将变得极为富足，而这种富足没有政府能够去征税，没有中介能够去腐坏，这种富足永远无法被破坏。

问：发表演讲是您的业余爱好吗？您不会对谈话感到厌烦吗？您为什么做这个呢？

克：我很高兴你提出了这个问题。你知道，假如你热爱某件事情的话，那么你永远都不会对它感到厌烦的——我所说的热爱，指的是那种不去寻求某个结果的热爱，不去渴望从中能够有所得的热爱。当你热爱某件事情的时候，它就不是一种自我满足，因此也就不会有失望，不会有结束。我为什么要做这个？这就犹如在问玫瑰为什么要绽放，茉莉为什么要吐露芳香，或者鸟儿为什么要飞翔一样。

你看，我所厌倦的是不去谈话，我想知道假如我没有谈话的话，将会发生什么。你理解了吗？假若你谈话是因为你想要从中有所得的话——比如想要得到金钱、奖励或是一种自我重要的感觉——那么便会有厌倦，你的谈话就会是破坏性的，它将毫无意义，因为它只是一种自我满足罢了。但如果你的心中怀有热爱，你的心中没有为心智的各种事物所充斥的话，那么它就会像一眼喷泉，永远喷涌出鲜活之水。

问：什么是命运？

克：你真的想要探究这一问题吗？提出一个问题是这个世界上最简单的事情，然而，只有当你的问题彻底地触动了你以至于你对它抱持极为认真的态度时，它才会是有意义的。你是否注意到有多少人一旦提出了问题之后便失去了兴趣呢？有一天，一个人提出了一个问题，然后便开始打呵欠、挠头发，接着便同他的邻居谈话去了，他已经彻底没有兴趣了。所以我建议你不要去问问题，除非你真的对它十分认真。

有关什么是命运的问题相当困难和复杂。你知道，假如一个原因开始运作的话，那么它就无疑必然会产生一个结果。如果有一大批人，无论是俄国人、美国人还是印度人，准备发起一场战争，那么战争便会是他们的命运。尽管他们或许会声称自己其实是渴望和平的，仅仅是为了自卫才打仗的，但是他们已经开始了一种将会导致战争的行动。同样的道理，几个世纪以来，成千上万的人参与了某种文明或文化的发展，开始了一种人类个体被席卷其中的活动，无论他们喜欢还是不喜欢。而这种被某种文化或文明的潮流卷入其中的过程，或许就被称为命运。

如果你出生在一个律师的家庭，而你的那位律师父亲坚持认为你应该子承父业，虽然你更希望去从事其他的职业，但假如你遵从了他的愿望，那么你的命运显然就是成为一名律师。然而如果你拒绝去当名律师，而是坚持去做对你而言正确的事情，去从事你真正热爱的职业——或许是写作，或许是绘画，或许是身无分文地乞讨过活——那么你就走出了那个潮流，你就从你的父亲为你所谋划的那个命运中突围而出。文化或文明也是如此。

这便是为什么我们应当受到正确的教育是如此重要了——我们应当被教育着不要为传统所窒息，不要落入某个种族的、文化的或家族群体的命运之中，我们应当被教育着不要变成一个机械，只知朝着某个预定的终点去运动。当一个人认识到了这整个过程，从中突围而出，坚守自己的立场、创造自己的势头；假如他的行为是告别谬误、走向真理，那么这种势头本身就会成为真理。而这样的人便可以摆脱命运的操纵，获得自由。

问：我们怎样才能够认识自我？

克：你知道自己的模样，因为你经常从镜子里头看他，那么，是否存在一面你可以通过它来彻底审视自我的镜子呢？——不是你的脸，而是你全部的思想、全部的感受，你的动机、欲望、要求和恐惧。这面镜子就是关系之镜：你与你的父母之间的关系，你与你的老师之间的关系，你与河流、树木、土地之间的关系，你与你的各种想法之间的关系，都可以从这面镜子中窥见。关系便是一面你可以通过它来审视自我的镜子，通过这面镜子，你要看到的是你自己的真实模样，而不是你希望自己成为的样子。在一面普通的镜子中端详自己，我希望镜子里的我看起来能更美丽，但这种情形并不会发生，因为镜子会原原本本地折射出我的面孔的真实模样，我无法欺骗我自己。同样的，在这面我与他人的关系之镜中，我也能够看到真实的自我。我可以观察到我是如何与他人交谈的：对那些我认为能够给予我某物的人，我会彬彬有礼；而对那些我不能从其身上有所得的人，我则会无礼和蔑视；对那些我所害怕的人，我会特别地注意；当重要人物到来时，我会毕恭毕敬、起身相迎；当仆人进来时，我则毫不理会。所以，通过观察在各类关系中的自己，我发现我对人的尊敬存在很大的谬误，不是吗？此外，我还可以在我与树木和飞鸟、与理念和书本的关系中发现自我的真实模样。

你或许拥有世界上的所有学位，但假如你连自己都不认识的话，那么你便是一个最愚蠢的家伙。认识自我是所有教育的目的所在。没有对自我的认知，仅仅是去积累知识或做笔记，以便自己能够通过考试，其实这是一种愚蠢的生存方式。你或许能够引用《奥义书》《古兰经》和《圣经》等经典，但是除非你实现了对自我的认知，否则你就只是一只学舌的鹦鹉。在你开始认识自我的那一刻，无论这种认识是多么有限，你就已经展开了一种非凡的富有创造力的过程。突然看到了自我的真实模样：贪婪、好斗、愤怒、善妒、愚蠢，看到这些事实，不去试图修改它，只是去观察你的真实模样，这就是一种令人惊异的发现。从这里开始，你会走得越来越深入、视野会越来越广阔，因为对自我的认知是没有终点的。

通过认识自我，你将会开始探明什么是神，什么是真理，什么是永恒的状态。你的老师或许会将他从自己的老师那里所接受的知识传授于你，你或许在考场上得心应手、得到学位以及其他。但是，你应当去认识自我，就像你通过照镜子去看清自己的模样一样。倘若你没有实现对自我的认知，那么所有其他的知识便是毫无意义的。那些不认识自我的所谓有知识的人，其实是真正的无知，他们不知道什么是思考、什么是生活。这便是为什么教师也应当受到正确的教育是如此的重要了，这意味着他必须要了解自身心灵和思想的运作，必须要在关系之镜中看到自己的真实模样。认识自我便是智慧的开始。整个世界都存在于对自我的认知之中，它包含了人类的全部。

问：倘若没有一位启迪者，那么我们能否实现对自我的认知呢？

克：难道想要认识自我，你就必须得有一位启迪者，必须得有某个人来推动和激励你前行吗？仔细聆听这一问题，你将发现真正的答案。你知道，假如你对问题加以研究的话，问题便会迎刃而解的，不是吗？但如果你的心灵如此急切地想要寻到一个答案，那么你便无法彻底地解决问题。

问题便是：为了实现对自我的认知，难道不应该由某个人来对我们予以启迪吗？

假如你必须要拥有一位精神导师，必须要有某个人来对你进行启迪和鼓励，来告诉你说你做得非常好，那么这就意味着你依赖此人，当他某一天离去的时候，你必然会倍感失落。在你依赖某个人或某种理念以获得启发的那一刻，就必定会有恐惧存在，因此它就根本不是真正的启迪。然而，假如你看到一具被抬走的尸体，或者观察两个人争吵，这难道不会促使你去思考吗？当你看到某个人怀有极大的野心，或者注意到当你的长官进来时你对他是如何毕恭毕敬的，这难道不能促使你去反思吗？因此万事万物中皆有启迪，从一片叶子的飘落，或者一只鸟儿的死去、到人类自己的行为，都能得到启迪。如果你观察所有这些事物的话，你便始终都处于学习的状态之中。但假如你指望着某个人来做你的老师，那么你便会失落，而那个人就会变成你的梦魇。所以我们不要追随任何一个人，不要拥有某位特定的老师，而是应该从河流、花朵和树木、从背负重物的妇人、从你的家人、从你自己的想法中去学习，这是极为重要的。这种教育没有任何人能够提供给你，只有靠你自己。它要求永无停止地观察，要求有一个不断去探询的心灵。你必须通过观察、通过努力、通过快乐与泪水来展开这段学习之旅。

问：怎样才可能在自身所有的矛盾中实现你所想成为的与你所做的之间的一致？

克：你知道什么是自我矛盾吗？比如我想要去做某件事情，而与此同时我又想要让我的父母开心，但他们希望我去做另外一件事情，那么我的内心便会有冲突和矛盾。我怎样才能解决这种矛盾呢？假若我无法解决内心的这种矛盾，那么显然就不可能会有所想与所为的统一。所以首要的事情便是去从自我矛盾中解放出来。

假设你想要去学习绘画，因为绘画是你生命里的欢愉，但你的父亲却主张你应该当名律师或商人，否则他就要与你断绝关系，并且不会支付你的教育费用，那么你的内心就会有矛盾存在，不是吗？你要怎样去消除内心的矛盾，怎样从这种斗争及其痛苦中解脱出来呢？只要你被困在了自我矛盾之中，你就无法去思考。因此你必须要移除这一矛盾，你必须要在两件事情中做出选择。你到底该选哪个呢？你要向父亲屈服吗？

假如你这么做的话，那就意味着你将失去生命里的欢愉，你将去做自己并不热爱的事情，这样便能解决矛盾了吗？然而，如果你反抗你的父亲，如果你说："对不起，我不在乎我是否会乞讨、会挨饿，我要去画画。"那么就不会有任何的矛盾了。你所想成为的与你所做的便是同步的了，因为你知道什么是你渴望去做的，而你也会投注你的全部身心来做这件事情。假如你去当了名律师或商人，但因为你渴望成为一名画家，于是你的内心就会备受煎熬、饱受折磨，不得不在单调、厌倦、挫败和悲伤中度过你的余生，你的人生将会被他人毁坏，而你也会去毁坏他人的生命。

这便是为什么对你而言彻底去思考和解决这一问题是如此重要了。当你长大的时候，你的父母会希望你去做某些事情，假如你在内心并不清楚自己真正渴望去做的是什么，那么你就会像一只屠夫面前待宰的羔羊。但如果你明白了什么是你所热爱的事情并且将你的整个身心都奉献给它的话，那么就不会有矛盾存在，而在这种状态中，你所想成为的便是你所做的。

问：我们怎样才能够把您所告诉我们的这些付诸实践呢？

克：你听到了某些你认为正确的事情，你希望将其付诸你的日常生活之中，因此你所想的和你所做的之间会有裂缝存在，不是吗？你想的是一件事，而你做的则是另一件事。你希望把你所想的付诸实践，所以行动与思想之间便会有裂缝存在。尔后你询问说怎样才能消除这一裂缝，怎样才能够将你的思想与你的行动统一起来。

当你非常渴望去做某件事情的时候，你便会去付诸实践，不是吗？当你想要出去打板球时，或者做其他你真正感兴趣的事情时，你就会找到做这件事的方法和途径，你从来不会询问说怎样才能将其付诸实践。你之所以会去做这件事，因为你是如此急切，因为你的全部身心都已投入其中。

然而在这种事情上你已经变得非常狡猾了，你所想的是一件事，而你所做的却是另一件事。你说道："这是一个相当好的想法，理智上我很赞成，但是我不知道该怎么做，所以请告诉我如何将其付诸实践"——这意味着说你根本就不想去做此事。你真正希望的是拖延行动，因为你有一点点嫉妒，或者任何其他的念头。你问道："大家全都心怀嫉妒，所以为什么我就不可以呢？"然后你就依然故我。但假如你真的不希望自己心怀嫉妒——因为你懂得有关嫉妒的真理，就像你明白眼镜蛇会致命的真理一样，那么你就会不再怀有嫉妒，于是这便是嫉妒的终止，尔后你永远不会去询问说怎样才能够摆脱嫉妒的束缚。

因此，重要的是要懂得关于事物的真理，而不是去询问如何将其付诸实践——这实际上意味着你并没有懂得关于该事物的真理。当你在路上遇到一条眼镜蛇时，你不会询问说："我该怎么做才好？"你十分清楚眼镜蛇的危险，你会赶快远离它。但是你从来没有真正去审视嫉妒的全部含义，没有人曾经对你谈到过它，没有人同你一道极为深入地探究过它。你被告诉说你不应该嫉妒，但是你从不曾审视过嫉妒的本质，从不曾观察过社会以及所有的宗教组织是如何建立在嫉妒之上、如何建立在对功成名就的渴望之上的。当你对嫉妒展开探究并且真正懂得了关于它的真理，那一刻，嫉妒便消散不见了。

询问"我该怎么办才好"，其实是一个缺乏思考的问题，当你真正对某件你不知道如何去做的事情感兴趣的时候，你会着手去做，不久便开始有所探明。假如你不采取任何行动，只是去说"请告诉我一种能够摆脱贪婪的切实可行的方法"，那么你便会继续贪婪下去。但假如你用一颗警觉的心灵，不抱有任何的偏见地去探寻有关贪婪的问题，假如你将自己的全部身心都投入其中的话，那么你就会凭借自己的力量去发现关于贪婪的真理。正是这一真理能够让你获得自由，而不是你对某条自由之路的找寻。

问：是什么使得我们恐惧死亡？

克：你认为一片飘落到地上的叶子会害怕死亡吗？你认为一只鸟儿会活在对死亡的恐惧之中吗？当死亡来临时，它就会面对死亡，但是它并不会关心死亡，它的生命里有太多事情要去做，它要忙于捕捉昆虫，忙于建造巢穴，忙于欢快地鸣叫，忙于为了快乐而展翅高飞。你是否观察过鸟儿在空中高高地滑翔？这时候它们不必扇动翅膀，只是被风带着游走于天际之中。它们看上去是多么的享受啊！它们不会关心死亡，假如死亡来临，那么它们就告别生命，仅此而已。它们不会去关心将要发生的事情，而只是活在当下，活在每时每刻，不是吗？只有我们人类才会总是去关注死亡——因为我们没有活在当下，这便是麻烦所在；我们是行尸走肉，我们不具有生命的活力。老年人几乎已经黄土埋身，而年轻人似乎离坟墓也并不太远。

你看，我们之所以会对死亡如此关注，是因为我们害怕失去已知的事物，害怕失去那些我们所累积的事物。我们害怕失去妻子或丈夫，害怕失去孩子或朋友，我们害怕失去我们所学到的、所累积的。假如我们能够把自己所累积的这一切事物都带走的话——我们的朋友、我们的财产、我们的美德、我们的个性——那么我们就不会惧怕死亡了，不是吗？这便是为什么我们会发明各种关于死亡以及死亡之后的理论。然而事实却是，死亡是一种结束，尽管我们大多数人都不愿意面对这一事实。我们不希望离开已知，正是由于对已知的依附才导致了我们内心的恐惧，而不是未知。未知无法被已知所认识到，但是由已知事物所构成的心灵却说道："我就要死了。"因此它便深感恐惧。

那么，假如你能够活在每时每刻之中，而不去关心将来；假如你能够活在当下，而不去思考明天——这并不意味着只是忙于今天的肤浅；假如意识到了已知的全部过程，你便可以抛开已知，让它完全走开，那么你将发觉某种令人惊异的事物会由此产生。就这样尝试一天——抛开你所知道的一切，忘记它，仅仅去观察所发生的。不要把你的烦忧从今天背负到明天，从这一刻背负到下一刻，让它们统统走开，那么你将发现，一种既包含了生又包含了死的非凡的生活将会从这种自由状态中产生。死亡只是某种事物的终结，而在这种终结中，将会有新生。

问：您所说的彻底的改变指的是什么呢？而这种改变怎样才能够在一个人自身的存在中被实现呢？

克：你认为，假如你试图去带来某种彻底的改变，那么这种改变就会出现吗？你知道什么是改变吗？假设你怀有野心，而你也已经开始明白了野心中所涵盖的一切：希望、满足、挫败、残忍、悲伤、不体谅他人、贪婪、嫉妒以及爱的彻头彻尾的缺失。明白了这一切，你会怎么做呢？努力去改变或者转化野心，其实只是另一种形式的野心罢了，不是吗？它意味着渴望成为其他的事物。你或许可以拒绝一种欲望，但就在这种拒绝的行为里，你培养起了另一种同样会带来痛苦的欲望。

那么，倘若你懂得了野心会带来痛苦，懂得了终止野心的渴望同样也会带来痛苦，倘若你凭借自己的力量非常清楚地认识到了关于这一问题的真理，不去行动，而是让真理来展开行动，那么这一真理就会带来心灵的根本改变，带来心灵的彻底变革。然而这一过程需要怀有相当多的关注、理解和洞见。

当你被告诉说你应当做一个良善的人，被告诉说你应当怀有爱，通常会发生什么呢？你说道："我必须要做到良善，我必须要对父母、对仆人、对驴子、对一切显示出我的爱。"这意味着你正努力去显示出你的爱——那么爱就会变得十分虚伪和卑微，就像那些不断在实践兄弟情谊的民族主义者们所做的那样，这其实是极为愚蠢的。正是贪婪导致了这些实践行为。但假如你懂得了关于民族主义的真理、关于贪婪的真理，并且让这一真理对你发生作用，让真理来展开行动，那么你就会充满兄弟情谊，而无需做任何的努力。一个总想着去实践爱的心灵是无法真正怀有爱的；一旦你只是去爱而不去干扰它，那么爱便开始在你体内运作了。

问：您说我们应当安静地坐着，观察自身心灵的活动，但是我们一旦开始有意识地去观察心灵里的各种想法的话，这些想法便会消失了。当心灵是感知者时，我们怎样才能够感知到自身的心灵以及它所感知到的事物呢？

克：这是一个非常复杂的问题，里面牵涉到了许多事情。有感知者，还是只有感知？请仔细理解一下。有思想者，还是只有思想？显然，思想者不会首先存在，首先要有思想，尔后思想会产生出思想者——这意味着思想中发生了一种分离。当这种分离发生的时候，才会出现观察者与所观之物、感知者与所感知的对象。正如提问者所说的那样，假如你审视一下自己的心灵，假如你观察自己的某个想法，那么该想法便会消失、便会逐渐地褪色。实际上存在的只有感知，而不是感知者。当你看一朵花时，仅仅是看着它，在这一时刻存在着一个"看"的实体吗？抑或只有"看"的行为存在呢？对这朵花的观赏使得你说"它多美啊，我想要它"，于是紧随"看"这一行为产生了欲望、恐惧、贪婪和野心，尔后"我"这一实体便出现了。正是这些事物产生出了"我"，倘若没有它们，"我"便是不存在的。

如果深入探究这整个问题，你会发现，当心灵极为安静、彻底静寂的时候，当没有任何思想的活动，因而也就没有任何的体验者和观察者的时候，这种静寂便会拥有它自己的富有创造力的理解。在这种静寂之中，心灵被转变为其他事物。但是心灵无法通过任何手段、通过任何自制、通过任何实践来找到这种静寂；它不会通过坐在一个角落里、试图去集中思想而出现。当你认识了心灵的运作方式时，这种静寂便会到来。正是心灵制造出了那些人们所膜拜的石像，正是心灵制造出了宗教组织以及无数的信仰。因此，要想探明真理，你就必须得超越这些心灵的衍生物。

问：人类是否只是心灵和头脑，抑或不仅于此呢？

克：你打算怎样去探明这一问题呢？假如你只是信仰、推测，或者接受佛陀或其他某个人所说的，那么你就不是在探究，不是在探明真理。

你只有一个工具，那便是心灵，而心灵也就是头脑。因此，想要探明关于这一问题的真理，你就必须得认识心灵的运作方式，不是吗？假如心灵被扭曲了，那么你就永远无法看清楚；假如心灵非常有限，那么你就无法感知到无限。心灵是感知的工具，要想真实感知，心灵就必须得坦诚直率，必须得清除所有的限制和恐惧。心灵还必须要从知识的束缚中解放出来，因为知识转移了心灵的注意力，使事物发生扭曲。心灵具有去发明、想象、推测和思考的巨大能力——这种能力难道不应该被搁置一旁，以便心灵能够实现极为清楚和简单的状态吗？只有一个纯净的心灵、一个拥有广阔的体验但仍能摆脱知识与经验之束缚的心灵——只有这样的心灵才可以发现超越头脑和心智的事物。否则你的经验将会对你所发现的事物进行粉饰或扭曲，因为你的经验便是你所处的各种限定和条件背景的产物。

问：为什么我们从根本上来讲都是自私的？我们或许可以尽自己的全力在行为中做到无私，然而当我们的利益被牵涉其中的时候，我们就会变得过于专注于自己的利益，而对他人的利益则予以漠视。

克：我认为不要声称自己是自私还是无私，这是极为重要的，因为语词对心灵会有一种特别的影响。称一个人是自私的，于是他便俨如被判了罪行；称他为教授，于是当你与他接触时便会有崇敬和听从；称他为圣人，于是他的周围立即会有光环围绕。假如你去观察自身的反应，你将发现像"律师""商人""长官""仆人""爱""神"这类词语会对你的神经和心灵产生一种奇特的作用，代表某种职能的词语会引发对于身份地位的感受。因此当务之急便是要摆脱这种无意识地将某些感觉与某些词语联系在一起的习惯，不是吗？你的心灵被设定去认为"自私"

一词代表某种极为错误的、非精神性的事物，当你将该词运用在某物身上的那一刻，你的心灵便在对其予以评判甚至谴责了。所以当你询问："为什么我们从根本上来讲都是自私的？"你的这句问话就已经怀有谴责的含义在里头了。

必须要意识到某些词语会在你的内心产生一种神经上的、情感上的、理性上的反应，或认同或谴责。例如，当你自称是一个善妒之人时，你便会立即阻碍了进一步的探究，你便会马上停止去探索嫉妒的整个问题。同样的，有许多人声称自己正在致力于实现兄弟情谊，然而他们所做的一切却是在违反兄弟情谊；但是他们并没有明白这一事实，因为对他们而言，"兄弟情谊"一词意义重大，他们已经被其说服。他们不进行任何深入探询，因此也就永远无法发现事实，而忽视由这一词语所引发的神经上的或情感上的反应。

所以当务之急是要去试验以及探明你是否能够着眼于这些事实，而不带与某些词语相联系的谴责或赞扬之义。假如你可以看待这些事实，不怀有任何谴责或认可的感觉，那么你便会发现，心灵在自身和事实之间所竖起的全部障碍，将会在这种观察的过程之中被逐一消除。

去观察一下你是怎样接近一个被人们称作为伟大之人的。

"伟人"一词对你产生了影响——报纸、书籍、追随者们全都声称他是一个伟人，而你的心灵也就接受了这一结论。又或者你抱持相反的观点，说道："多么愚蠢啊，他并不是伟人。"然而，假如你能够使你的心灵脱离所有的影响，简单地去看待事实，那么你就将发现，你对该人的接近会是截然不同的了。同样的道理，"村夫"一词与贫穷、肮脏和破败相联系，它影响着你的思想。但是当心灵从这种影响中解放出来时，当它既不予以谴责、也不加以赞许，而只是去查看、去观察时，那么它就不会过于关注于自身的利益，于是也就不会再有自私的问题，也不必去试图做到无私了。

问：我想去从事社会工作，但是我不知道该如何着手。

克：你为什么想要从事社会工作？是因为你看到世上有不尽的苦难吗？是因为你看到饥饿、疾病、剥削，看到朱门酒肉臭、路有冻死骨吗？是因为你看到人与人之间彼此敌视吗？是出于这个原因吗？你之所以渴望从事社会工作，是因为你的内心怀有爱，所以不会去关注自身的成就吗？又或者社会工作是一种逃避自我的手段呢？你理解了吗？例如，你看到了在传统婚姻中所包含的全部丑陋，于是你便说道："我永远不会结婚！"作为逃避，你投身到了社会工作之中，或者也许是你的父母苦口婆心地说服你从事社会工作，又或者你仅仅是怀有这个理想。假如它是一种逃避的手段，抑或你只是在追逐一个由社会、由某位领袖或牧师或者由你自己所确立的理想，那么你所从事的任何社会工作都只会制造出更多的苦难。但如果你的内心怀有爱，如果你寻求着真理并因而成为一个真正虔诚的人，如果你不再野心勃勃、不再追求功成名就，你的美德不再以受人尊敬为目的——那么你的这种生活就将有助于带来一种彻底的社会变革。

我认为认识到这一点是至关重要的。当我们年轻的时候，我们渴望去做某个事情，而社会工作是普遍存在的，书籍谈论它，报纸为其做着宣传，还有学校专门培训社会工作者，诸如此类。但是你看到，倘若缺乏对自我的认知，倘若没有澄清你自己以及你的各类关系，那么你所从事的任何社会工作都会变得毫无意义。

只有真正快乐的人才是具有革命性的，而非理性主义者或可怜的逃避者。快乐的人并不是那种拥有许多财富的人，快乐的人是真正的虔诚之士，而他的生活便是社会工作。但假如你只是表面追求着成为无数社会工作者中的一员，那么你的内心还是会空虚无助。你或许可以慷慨地捐赠你的金钱，或是劝服其他人来捐款，你或许可以带来非凡的改革。但是，只要你的内心是空虚的，只要你的心灵为各种理论所充斥，那么你的生命就将走向迟钝、麻木和厌倦，毫无乐趣可言。所以，首先要去认识你自己，而正确的行为便会从这种对自我的认知中产生。

问：一个人能否克制住不去做任何自己喜欢的事情，但又仍然可以寻找到自由之道呢？

克：你知道，最为困难的事情之一，便是去认识到什么才是我们渴望去做的，不单单是在我们年轻的时候，而且是在整个一生当中。除非你凭借自己的力量认识到了什么才是你真正渴望去做的事情，什么才是你会把自己的整个身心都投入其中的事情，否则你的余生都将在做那些对你而言并无太大兴趣的事情之中度过，那么你的生命将十分悲哀。由于感到悲哀，于是你便会在看电影、饮酒、阅读大量的书籍、投身社会改革以及其他的事情里去转移你的注意力。

因此，教师能否帮助你去认识到什么才是你一生都渴望去做的事情，什么才是你不顾父母和社会对你的期待而要去做的事情呢？这才是问题的真正所在，不是吗？一旦你发现了自己会用整个身心去热爱的事情，那么你便会是一个自由的人，你将会拥有能力、信心以及开创精神。然而，倘若你尚未知道自己真正热爱的是什么，就这样糊里糊涂地当了一名律师、一个政客或从事其他职业，那么对你来说就不可能有幸福可言，这一职业将会毁掉你自己以及他人。

你必须要凭借自己的力量去认识到什么是你所热爱的事情。不要在只是为了适应社会而去选择某种职业这一层面上思考，如此一来你永远无法发现什么是你所热爱的事业。当你热爱某件事情的时候，不存在任何选择的问题。当你热爱的时候，就让这种热爱去做它所愿意的事情吧，这才是正确之举。热爱从来不会去寻求成功，它永远不会被困在模仿之中。但假如你将自己的生命投入在了你并不热爱的事情之中，那么你就永远无法获得自由了。

然而单纯地去做任何你所喜欢的事情并不等于去做你热爱的事情。认识到什么才是你真正所热爱的，需要许多的洞察与领悟。不要把谋生层面的思考作为开始，一旦你发现了自己所热爱的事情，你便拥有了一种谋生的手段。

问：为什么一个人从出生到死亡总是会渴望被爱呢？假如他没有得到这种爱的话，那么他是否就无法像他的同伴们那样沉着镇静和充满信心呢？

克：你认为他的同伴们充满了信心吗？他们或许看起来神气活现、大摇大摆，但是你将发现，他们很可能是在装腔作势，在这种表现的背后，大多数人都是空虚、麻木和平凡普通的，他们根本没有真正的信心。我们为什么渴望被爱呢？你难道不希望被你的父母、老师和朋友们所爱吗？假如你是一个成年人的话，你则会希望被你的妻子、丈夫或者你的孩子们所爱，或者被你的精神导师所爱。为什么人们总是怀有这种被爱的渴望呢？仔细听好。你之所以希望被爱，是因为你并未怀有爱。但是在你去热爱的那一刻，它便完成了，你便不会再去询问是否有人爱着你了。只要你要求被爱，你的内心就没有爱存在。假如你没有感觉到爱，那么你便是丑陋、残忍的。为什么你应该被爱呢？倘若没有爱，你就是一具行尸走肉，一个死了的事物是无法寻求爱的。一旦你的内心充满了爱，那么你便永远不会去寻求被爱了，你便永远不会拿出你的化缘钵，渴求某人来填满它了。只有空虚的人才会渴望被填满，而一颗空虚的心灵，是永远无法通过追寻精神导师或者用成千上万种其他方法来寻求到爱，从而将其填满的。

问：年龄是如何妨碍了对神的认识呢？

克：什么是年龄？是你活了多少年吗？这只是年龄的一部分。你在某年出生，现在你的年龄是十五岁、四十岁或六十岁。你的身体变得老迈了——所以，当你的心灵背负着生命所有的经验、苦难与疲倦时，它也会变得老迈，而这样的心灵将永远无法发现什么是真理。只有当心灵处于年轻、鲜活和纯净的状态时，它才能够去探明真理，但是纯净同年纪无关。不是只有孩子才是纯净无邪的——他也或许并不如此——一个能够去体验，同时又不去累积体验的心灵就是纯净的。心灵应该体验，这是毋庸置疑的。它应该对一切有所反应——对河流、对患病的动物、对被抬着去焚烧的尸体、对路上那背负着重物蹒跚而行的穷苦的村夫、对生命中的折磨和困难都能有所反应——否则它就是僵死的。然而它必须能够在不为经验所困的情形之下去做出反应。正是传统、经验的累积以及记忆的尘埃才令心灵变得陈旧和老迈。一个每天都将昨日的记忆、将过去的欢乐与悲伤及时清除的心灵——这样的心灵便是鲜活的、纯净的，它没有任何岁月的痕迹。倘若没有这种纯净，那么无论你是十岁还是六十岁，你都无法找到神。